计算机安全技术研究

◎杨怀磊 李爽 著

湘潭大学出版社
XIANGTAN UNIVERSITY PRESS

目　录

第一章

计算机系统安全

第一节　硬件与物理安全

一、计算机硬件安全

自从20世纪40年代计算机问世以来，随着半导体集成技术的发展，计算机硬件的体积已经从几个房间大缩减到目前的台式计算机和便携式计算机这样小，而且对环境的要求越来越低。这种变化虽方便了使用，但也产生了相应的安全问题计算机，容易受到环境与人类(有意、无意)的干扰与破坏。

计算机硬件安全是所有单机计算机系统和计算机网络系统安全的基础，计算机硬件安全技术是指用硬件的手段保障计算机系统或网络系统中的信息安全的各种技术，其中也包括为保障计算机安全可靠运行对机房环境的要求。

(一)硬件访问控制技术

所谓访问控制技术，主要是保护文件不被非法访问的技术。在计算机中，文件是以整体为单位被保护的，要么可以访问整个文件，要么无权访问。对计算机文件的保护通常有以下四种形式：计算机资源的访问控制功能；由个人用户对文件进行加密；防止对文件的非法复制；对整体环境进行保护。

一些公司已经开发出各种硬件与软件技术结合的访问控制系统，所提供的软件包可提供三种功能：用户认证功能，通常采用验证口令的方法；文件存取权限管理功能，将文件权限分为只读、读写、只执行、不能存取等类别；审计功能，记录文件被访问的时间与访问者。

个人计算机系统提供的附加功能还有：

1.透明加密

系统自动对文件进行加密，无权访问的人即使得到了这些文件也无法阅读它们。

2.时间检查

限定计算机每天或每周使用的时间，如可以规定计算机只能在每周一至每周五，每天8:00—18:00上班时间开机，这样就可以防止非工作时间内对计算机进行未经授权的操作。

3.自动暂停

该控制功能将监控用户暂停使用计算机的时间，当在某个限定时间内未发现用户使用计算机键盘或鼠标，就会关闭显示，并自动停止与用户的对话。如果用户要求重新使用计算机，则需要重新进行身份确认。这一功能可以防止在计算机工作时间内因用户有事离开，其他无权用户趁机使用该计算机获取所需信息。

4.机器识别

在计算机上安装一个附加的硬件设备，其中存放着标识该计算机的唯一机器码，程序可以通过查询该附加硬件内的机器码，确认是否运行在指定机器上。

(二)硬件防辐射技术

在考虑计算机信息安全问题的时候，一些用户常常仅注意计算机内存、硬盘、软盘上信息的泄露问题，而忽视了计算机通过电磁辐射产生的信息泄露。前一类信息的泄露称为信息的“明”泄露，后一类信息的泄露称为信息的“暗”泄露。实验表明，普通计算机显示器辐射的屏幕信息可以在几百米到一千多米的范围内用测试设备清楚地再现出来。实际上，计算机的CPU、键盘、磁盘驱动器和打印机在运行过程中都会向外辐射信息。要防止硬件向外辐射信息，必须了解计算机各部件泄露的原因和程度，然后采取相应的防护措施。防信息泄露技术主要研究与解决计算机和外围设备工作时因电磁辐射和传导产生的信息外露问题。

计算机及其外围设备可以通过两种途径向外泄露信息：电磁波辐射和通过各种线路与机房通往室外的导管传导出去。例如，计算机的显示器是阴极射线管，其强大的交变工作电流会产生随显示信息变化的电磁场，把显示信息向外辐射;计算机系统的电源线、机房内的电话线、暖气管道、地线等金属导体有时会起着无线天线的作用,它们可以把从计算机辐射出来的信息发射出去。计算机电磁辐射强度与载流导线中电流的大小、设备功率的强弱、信号频率的高低呈正向影响关系,与离辐射源距离的远近呈反向影响关系,与辐射源是否被屏蔽也有很大关系。

辐射抑制技术可以分为包容法与抑源法两类。

1.包容法

包容法主要采用屏蔽技术,屏蔽线路单元、屏蔽整个设备甚至整个系统,以防止电磁波向外辐射。包容法主要从结构、工艺和材料等方面考虑如何减少辐射,成本比较高,适合少量应用。

2.抑源法

试图从线路和元器件入手,消除计算机和外围设备内部产生较强电磁波的根源。主要措施有:选用低电压、低功率的元器件;在电路布线设计中注意降低辐射和耦合;采用电源滤波与信号滤波技术;采用可以阻挡电磁波的透明膜;采用“红/黑”隔离技术,其中“红”是指设备中有信息泄露危险的区域、元器件、部件和连线,“黑”表示无泄露危险的区域或连线,将“红”与“黑”隔离可以防止它们之间的耦合,可以重点加强对红区的防护措施。这种方法技术复杂,但成本较低,适合大量应用。

二、物理安全

物理安全是指在物理介质层次上对存储和传输的信息的安全保护,具体地讲,就是保护计算机设备、设施(含网络)免遭地震、水灾、火灾、有害气体和其他环境事故(如电磁污染等)破坏的措施和过程。物理安全是信息安全的最基本保障,是不可缺少和忽略的部分。物理安全包括环境安全、电磁防护、物理隔离及安全管理。

(一)环境安全

为了保证物理安全,应对计算机及其未来系统的实体访问进行控制,即对内部或外部人员出入工作场所(主机房、数据处理区和辅助区等)进行限制。根据工作需要,每个工作人员可以进入的区域应予以规定,而各个区域应有明显的标记或专人值守。

计算机机房的设计应考虑减少无关人员进入机房的机会。同时，计算机机房应避免靠近公共区域，避免窗户直接临街，应安排为机房在内（室内靠中央的位置）、辅助工作区域在外（室内周边位置）。在一个高大的建筑内，计算机机房最好不要建在潮湿的底层，同时也尽量避免建在顶层，因顶层可能会有漏雨和雷电穿窗而入的危险。在有多个办公室的楼层内，计算机机房应至少占据半层或靠近一边。这样既便于防护，也有利于发生火警时的撤离。

所有进出计算机机房的人都必须通过管理人员控制的地点。应有一个对外的接待室，访问人员一般不进入数据区或机房，而在接待室接待。当有特殊需要而进入控制区时，应办理手续。每个访问者和带入、带出的物品都应接受检查。

（二）电磁防护

电磁防护的主要目的是通过屏蔽、隔离、滤波、吸波、接地等措施提高计算机及网络系统、其他电子设备的抗干扰能力，使之能抵抗强电磁干扰，同时将计算机的电磁泄露发射降到最低。

在一个系统内，当两个或两个以上的电子元器件处于同一环境时，就会产生电磁干扰。电磁干扰是电子设备或通信设备中最主要的干扰。按干扰的耦合方式不同，可将电磁干扰分为传导干扰和辐射干扰两类。传导干扰是由于干扰源和被干扰电路之间存在一个公共阻抗而产生的干扰。传导发射是通过电源线或信号线向外发射的，在此过程中，电路中存在的公共阻抗可以将发射干扰转换为传导干扰，电磁场也可以以感性、容性耦合方式将发射干扰转换为传导干扰。辐射干扰是通过介质以电磁场的形式传播的干扰。辐射电磁场从辐射源通过天线效应向空间辐射电磁波，被干扰电路经耦合将干扰引入电路中。辐射干扰源可以是载流导线，如信号线、电源线等，也可为电路、芯片等。

外界的电磁干扰使计算机网络系统无法正常工作。电磁干扰的危害主要包括两个方面。一方面是计算机电磁辐射的危害。计算机自身的电磁辐射可造成电磁干扰和信息泄露。计算机主要是由数字电路组成的，所产生的数字信号多为低电压、大电流的脉冲信号，这些信号的对外辐射强度很大，它们会通过电源线、信号线对其他设备形成传导干扰，并向空间发射很强的电磁波，其频率范围从几千赫兹至几百兆赫兹，不仅对其他电子设备产生电磁干扰，而且对信息安全造成威胁,可导致信息泄露。另一方面是外部电磁场对计算机正常工作的影响。除了计算机对外电磁辐射造成信息泄露的危害外,外部强电磁场通过辐射、传导、耦合等方式也对计算机的正常工作产生很多危害。强电磁脉冲产生的电磁场可直接摧毁计算机,也可在外部导体上感应出一个强浪涌电压,直接或通过变压器将浪涌电压耦合到室内的电气装置上,造成设备损坏。

(三)物理隔离

物理隔离的目标是确保把有害的攻击隔离在可信网络之外,在保证可信网络内部信息不外泄的前提下完成网间数据的安全交换。物理隔离是在原有安全技术的基础上发展起来的一种全新的安全防护技术。

物理隔离是指各个专用网络自成体系,它们之间完全隔开,互不相连。这一技术至今仍适用于一些专用网络,在没有解决安全问题或没有了解解决问题的技术手段之前先断开再说。物理隔离阶段,网络处于信息孤岛状态,是最原始、最简单的。物理隔离最大的缺点是信息交流、维护和使用极不方便,成本较高。于是,出现了将同一台计算机连入两个完全物理隔离的网络,同时又保证两个网络不会因此而产生任何连接的技术——物理隔离卡,安全隔离计算机和隔离集线器等。利用以上技术所产生的网络隔离,是彻底的物理隔离,两个网络之间没有信息交流,可以抵御所有的网络攻击,它们适用于一台终端(或一个用户)需要分时访问两个不同的物理隔离的网络的应用环境。

(四)安全管理

安全管理指计算机网络的系统管理,包括应用管理、可用性管理、性能管理、服务管理、系统管理、存储/数据管理等。安全管理功能可概括为 OAM&P,即计算机网络的运行(Operation)、管理(Administration)、维护(Maintenance)、服务提供(Provisioning)等所需要的各种活动。有时只考虑前三种,即把安全管理功能归结为 OAM。开放系统的计算机网络管理的五大功能为故障管理功能、配置管理功能、性能管理功能、安全管理功能和计费管理功能。

第二节　系统访问控制

访问控制技术是指在计算机中实施的、用于实现对计算机中信息资源授权访问的技术，包括身份鉴别、授权、访问控制和审计等四部分。

一、访问控制基本术语

（一）主体

主体是指主动的实体，该实体造成了信息的流动和系统状态的改变。主体通常包括用户、进程和服务等。

（二）客体

客体是指包含或接收信息的被动实体。对客体的访问意味着对其中所包含的信息的访问。客体通常包括文件、程序、目录、数据库等。

（三）访问

访问是使信息在主体和客体间流动的一种交互方式。程序读或写某个文件是一次访问过程，其中，程序是主体，文件是客体。

（四）身份鉴别、授权、访问控制和审计之间关系

身份鉴别包括两方面：一是需要对主体分配唯一标识符，二是主体能够提供证明身份的标识信息。如为用户分配用户名和密码，用户登录时，需要输入用户名和密码。系统证实用户输入的用户名和密码是注册用户有效的用户名和密码的过程就是身份鉴别过程。

授权是为每一个用户设置访问权限，某个用户的访问权限是指该用户允许访问的客体和允许对客体进行的操作。

授权数据库中为每一个用户设置了访问权限。引用监视器根据已经完成身份鉴别的用户和授权数据库，确定该用户允许访问的客体和允许对客体进行的操作。

访问控制保障用户只能访问允许访问的客体，且只能对允许访问的客体进

行允许进行的操作。

审计是对用户使用何种信息资源、在何时使用以及如何使用(执行何种操作)进行记录和分析。

二、访问控制模型

访问控制策略是主体对客体的访问规则集,这个规则集直接定义了主体对客体的作用行为和客体对主体的条件约束。访问控制模型是访问控制策略的形式化和实现机制描述,包含主体、客体和主体对客体的操作。

访问控制模型可以分为三类,分别是自主访问控制模型、强制访问控制模型和基于角色的访问控制模型。

可信计算机评估准则将计算机系统的安全程度从高到低划分为 7 级,分别是 A1、B3、B2、B1、C2、C1 和 D。不同的安全等级对访问控制有着不同的要求,C 级要求至少具有自主访问控制,B 级以上要求具有强制访问控制。基于角色的访问控制是目前得到广泛研究和应用的访问控制模型。

(一)自主访问控制模型

自主访问控制基于主体或主体所属的主体组的身份限制主体对客体的访问,即首先需要完成对主体的身份鉴别,然后根据主体身份确定主体对客体的访问权限。自主是指拥有资源的主体能够自主地将访问权限或访问权限的某个子集授予其他主体。

1.访问控制矩阵

访问控制矩阵中的每一行代表一个主体,每一列代表一个客体,行列交叉的单元格给出该行代表的主体允许对该列代表的客体进行的操作。如第一行表示主体用户 A,第一列表示客体资源 X,第一行与第一列交叉的单元格中给出用户 A 允许对资源 X 进行的操作(读、修改、管理)。假定资源是文件,读操作是指读取文件内容,修改操作是指修改文件内容,管理操作是指改变文件属性。

如果存在 M 个主体和 N 个客体,则访问控制矩阵有着 $M \times N$ 个单元格。由于每一个主体只能授权访问有限个客体,因此,每一行对应的 N 个单元格中,大量单元格是空白的。如表 1.1 中的用户 B 只授权访问资源 Y,则用户 B 对应的一行中,资源 X 和资源 Z 对应的单元格都是空白的。存在大量空白单元格的访问控制矩阵有着以下两个问题：一是大量存储单元被浪费了；二是增加了检索主体对客体的访问权限的时间。

表 1.1　访问控制矩阵

主体＼客体	资源 X	资源 Y	资源 Z
用户 A	读、修改、管理	—	读、修改、管理
用户 B	—	读、修改、管理	—
用户 C	读	读、修改	—

2.访问控制表

访问控制表以客体为中心，为每一个客体分配访问权限。客体资源 X 允许主体用户 A 进行读、修改和管理等访问操作，允许主体用户 C 进行读访问操作。通过访问控制表可以很方便地确定客体允许哪些主体进行哪些访问操作。

如果某个主体不具备对某个客体的访问权限，该主体不会出现在该客体对应的访问控制表中。如果所有主体都不具备对某个客体的访问权限，该客体对应的访问控制表为空。

访问控制表是操作系统最常用的访问控制模型，通过将用户分为有限类，相同类型用户分为一组，客体基于用户组分配访问权限，使得每一个客体对应的访问控制表的表项数量不会超过用户组的数量。

3.访问能力表

访问能力表以主体为中心，为每一个主体分配访问权限。主体用户 A 具有对客体资源 X 和资源 Z 进行读、修改和管理等访问操作的访问权限。

4.访问控制表和访问能力表的比较

访问控制表一般用于对客体集中管理的应用环境，资源 X、资源 Y 和资源 Z 集中在一个计算机中，在这种应用环境下，可以为每一个客体设置访问控制表。由于客体资源 X 和资源 Z 的访问控制表允许用户 A 进行读、修改和管理等访问操作，因此，当计算机完成对用户 A 的身份鉴别后，用户 A 可以分别对资源 X 和资源 Z 完成读、修改和管理操作。

访问能力表一般用于对客体分布式管理的应用环境，资源 X、资源 Y 和资源Z分别分布在计算机A、计算机B和计算机C中，在这种应用环境下，如果采用访问控制表实施访问控制过程，当用户A访问资源X和资源Z时，需要分别由计算机A和计算机C完成身份鉴别过程。如果采用访问能力表实施访问控制过程，则可以由访问控制主机统一完成身份鉴别过程。当用户A需要访问资源X和资源Z时，首先由访问控制主机完成用户A的身份鉴别过程，然后根据访问能力表，获知用户A的访问权限是允许对资源X和资源Z进行读、修改和管理等访问操作。将用户A的访问权限封装在票据中，将票据传输给用户A。用户A访问资源X时，向计算机A发送票据，计算机A根据票据确定用户A具有对资源X进行读、修改和管理等访问操作的访问权限，允许用户A对资源X进行读、修改和管理等访问操作。

(二)强制访问控制模型

强制访问控制策略是系统强制主体服从的访问控制策略，强制访问控制的主要特征是，对所有主体及所控制的客体实施强制访问控制。

1.安全级别

在强制访问控制中，每一个主体和客体被赋予一个安全级别，除系统管理员外，主体不能改变自身和客体的安全级别。安全级别通常分为绝密级(T)、秘密级(S)、机密级(C)、限制级(R)和无密级(U)。安全级别之间满足以下关系：T>S>C>R>U。

强制访问控制根据主体和客体的安全级别采用以下访问模式：

(1)向下读(RD)：当主体安全级别高于客体安全级别时，允许主体对客体进行读操作。

(2)向上读(RU)：当主体安全级别低于客体安全级别时，允许主体对客体进行读操作。

(3)向下写(WD)：当主体安全级别高于客体安全级别时，允许主体对客体进行写操作。

(4)向上写(WU)：当主体安全级别低于客体安全级别时，允许主体对客体进行写操作。

2.Bell—Lapadula 模型

Bell—Lapadula 模型简称 BLP 模型。BLP 模型的访问原则是不上读、不下写，以此保证数据的保密性。不上读意味着只有当主体安全级别高于或等于客体安全级别时，才允许主体对客体进行读操作。不下写意味着只有当主体安全级别低于或等于客体安全级别时，才允许主体对客体进行写操作。

数据保密性要求主体不能对安全级别高于自己的客体进行读操作，同时，不允许数据从安全级别高的客体流向安全级别低的客体。不上读保证前者，不下写保证后者。

3.Biba 模型

Biba 模型的访问原则是不下读、不上写，以此保证数据的完整性。不下读意味着只有当主体安全级别低于或等于客体安全级别时，才允许主体对客体进行读操作。不上写意味着只有当主体安全级别高于或等于客体安全级别时，才允许主体对客体进行写操作。

数据完整性要求主体不能对安全级别高于自己的客体进行写操作，同时，不允许数据从安全级别低的客体流向安全级别高的客体。不上写保证前者，不下读保证后者。

(三)基于角色的访问控制模型

1.基于用户分配权限的缺陷

如果客体所有权是企业，则不应该基于用户，而应该基于企业中的职务分配客体访问权限。如在大学中，根据教师、学生和教学管理人员等职务分配访问教务信息的权限。由于某个用户的职务可能随着地点、时间的不同而不同，因此，该用户的访问权限也需要随着该用户职务的改变而改变。由于基于用户分配客体访问权限的访问控制模型只有管理员能够调整访问权限，因此，需要管理员随时根据该用户职务的改变调整该用户对客体的访问权限。由此可见，对于客体所有权是企业这样的应用环境，自主访问控制和强制访问控制等基于用户分配客体访问权限的访问控制模型已不再适合，需要一种基于职务分配客体访问权限的访问控制模型。

2.基本定义

角色指个体在特定的社会关系中的身份及由此而规定的行为规范和行为模式的总和。具体地说，角色就是个人在特定的社会环境中以相应的社会身份和社会地位，并按照一定的社会期望，运用一定权利来履行相应社会职责。它规定一个人的活动范围以及与其地位相适应的权利、义务与行为规范，是社会对一个处于特定地位的人的行为期待。由此可见，角色具有三重含义，一是身份，二是行为，三是期望。

访问控制模型中的角色用一组对客体的访问操作来描述行为，这组访问操作是管理员分配给角色的权限。每一个用户可以分配多个角色，每一个角色可以由多个用户构成，不同角色分配不同的访问操作集，通过分配给角色的访问操作集描述角色的权限。

3.访问控制实现过程

下面以访问大学教务系统为例，讨论基于角色的访问控制模型，实现访问控制的过程。

(1)定义以下角色：教务管理员、老师、学生。

(2)为每一个角色分配访问操作集：教务管理员的访问操作集是{查询，修改成绩，打印成绩清单}，老师的访问操作集是{查询成绩，上传所教课程的成绩}，学生的访问操作集是{查询成绩，反映意见}。

(3)每一个用户至少被赋予一个角色，如为某个用户赋予老师角色。同一个用户也可以同时被赋予多个角色，如为某个用户同时赋予老师角色和学生角色。

(4)当用户被同时赋予多个角色时，在对客体进行访问操作前，必须确定用户完成这次访问操作时所充当的角色。如用户 A 被同时赋予老师角色和学生角色，用户 A 有着唯一的用户名和密码，当用户 A 登录教务系统时，除了需要输入正确的用户名和密码外，还必须选择此次登录所充当的角色，即必须在老师角色和学生角色中选择一个当前登录所充当的角色。

(5)登录教务系统后，用户具有登录时选择充当的角色所具有的访问权限。如用户 A 登录教务系统时选择充当老师角色，则用户 A 具有对教务系统进行查询成绩和上传所教课程的成绩等访问操作的权限。

三、审计

日志是记录的事件或统计数据，这些事件或统计数据能提供关于系统使用及性能方面的信息。审计是对日志的分析，并以清晰的、能理解的方式表述分析结果。审计使得系统分析员可以评审资源的使用模式，以便评价保护机制的有效性。一个审计系统通常由日志记录器、分析器和通告器三部分组成。这三部分分别用于收集数据、分析数据和通告结果。

(一)日志记录器

日志记录器以二进制或可读的形式记录事件或统计数据。日志通常记录与以下活动有关的事件:

(1)检测已知攻击模式。

(2)检测异常行为和异常信息流。

对于每一个事件,日志记录以下信息:事件发生的日期和时间、引发事件的用户、事件源的位置、事件类型、事件成败等。

(二)分析器

分析器以日志数据为输入,完成以下分析过程。

1.潜在侵害分析

可以事先为分析器制定一些规则,这些规则描述发生入侵时的事件模式,一旦分析器在日志记录的事件中发现与规则匹配的事件模式,意味着系统存在入侵的可能性。

2.异常分析

分析器可以通过阈值和规则描述用户的正常行为,一旦日志记录的与某个用户有关的统计数据与描述该用户正常行为的阈值相差甚远,可以确定该用户的行为异常。

3.入侵行为分析

分析器可以加载入侵特征库,入侵特征库中给出已知入侵的事件模式,一旦日志记录的事件与入侵特征库中某个已知攻击的事件模式匹配,可以确定系统发生了该入侵行为。

(三)通告器

通告器把分析器的分析结果,以清晰的、能理解的方式通告给系统管理员和其他实体。

第三节　程序系统安全

一、程序对信息造成的危害

内存中程序与数据分别存放在不同的区域内，程序区与数据区都受到操作系统的保护。操作系统只能保护对数据区的正常读写，如可以防止对只读数据区进行写操作，但操作系统无法控制向允许写的数据区内写入什么样的数据，即对写入数据的正确性与合理性无法控制。正常的程序会根据访问权限去访问数据，如果程序中有恶意代码或缺陷，就有可能对数据进行恶意的访问（如窃取、伪造、恶意修改等）。

（一）陷门

陷门是一个模块的秘密未记入文档的入口。在程序开发与调试期间，程序员常常为了测试一个模块，或者为了今后的修改与扩充，或者为了在程序正式运行后发生故障时能够访问系统内部信息等，而有意预留陷门。陷门可以被程序员用于上述正常目的，也可以被用于非正当目的。下面是程序模块测试的一个例子。

一个程序系统的功能往往是非常复杂的，根据软件开发的要求，程序员一般采用模块化技术开发与测试软件系统。测试时，首先测试单个模块，然后再把分立的模块按照处理逻辑组装到一起。

在程序的测试过程中，当测试有复杂调用关系的模块时，有时为了判断错误的原因，需要在被测模块内插入调试代码。这些代码通常用于显示模块的中间计算结果，或用于判断上一级模块传递到被测模块的参数是否正确，有的也用于跟踪程序的运行轨迹。例如，可以利用 print 语句显示模块内的某个参数值或某个内部变量的值。又如，可以用一组简单赋值语句 var：＝value 作为调试代码，允许程序员在程序运行期间更改程序的参数值，或用于调试该模块的正确性，或者用于向被测模块传递参数驱动模块、被测模块和桩模块之间的调用关系值。在调试完成后，这些调试指令如果未被及时清除，则可能留下陷门。

陷门也可能是设计或编程漏洞造成的。在某些设计粗劣的程序系统中，只检查正常输入情况，忽略对非正常输入的检查，使得用户即使输入错误值仍然可以进入程序系统。例如，程序的某模块期望分析成绩优秀、良好和及格三种人员的情况，并有相应的“case”语句进行过滤。如果在“case”语句中只有处理这三种情况的分支语句，则当遇到不及格的情况时，就会跳过该“case”语句，执行后续程序。这也是常见的程序缺陷。

在硬件处理器设计中也存在一些缺陷，如许多处理器中并非所有的操作码都对应相应的机器指令。那些无定义的操作码常被用作特殊指令，或被用于测试处理器的设计。由于处理器逻辑设计上的漏洞，并未阻塞这些未定义的操作码的逻辑通路，使得当程序中出现未定义操作码时，处理器仍能继续执行程序中的陷门。审计程序有时需要借助成品程序的陷门向系统中插入虚设的但可识别的业务，以便跟踪这些业务在系统中的流向，进而研究系统中是否存在安全方面的漏洞。

程序员在程序测试结束时，应该去掉陷门（即各种调试用的语句）。程序中仍存在陷门的原因有以下几种：

(1)忘了去掉某些调试语句。

(2)故意保留下来，以便用于别的测试。

(3)故意留在程序中，以便维护已完成的程序。

(4)故意留在程序中，以便有一种访问此程序的隐蔽手段。

(二)零碎敛集

零碎敛集是指把一些平时不被人注意的、价值不大的零碎东西收集起来，最后获得令人惊奇的结果。利用零碎敛集方式进行的攻击称为零碎敛集攻击。零碎敛集攻击是指每次仅收集一点利益，最后积少成多，非法获取更多的利益。典型的零碎敛集攻击的例子是银行中的利息计算程序。假设某个程序员在他所编的利息计算程序中采用的算法是把每一笔用户取款数小数点后第二位后面的数字都忽略，进入程序员私人账户中。某个用户的取款数连本带息应该是 1 134.648 922 元，按正确的四舍五入算法应该付给用户 1 134.65 元，但实际只付给用户 1 134.64 元。用户并不知道，或即使知道也不在意，但程序员账户中的金额日积月累，将越来越多。只要利息计算程序将全部付出的利息与各个账户结算后的利息总和平衡，审计员一般也发现不了什么问题。

上面的例子是一种被动式的零碎敛集攻击，恶意的程序员还可以编制一个程序主动从用户的账户中取出几分钱，放入自己的账户中。用户一般不知道银行给自己的金额是如何计算出来的，也不会自己重新计算一遍，即使用户发现银行的报告少了几分钱，也会接受银行的数额，甚至还会归结于计算上的误差，或对付息时间或条件理解上的差别。

由于计算机字长的限制，计算机是按舍入和截断规则进行数值计算的。当整数部分很大又带有小数部分时，这种问题更加严重。程序员和用户很容易将这种小数值的错误作为自然的和不可避免的结果加以接受，而不会将确切的错误记录在案。审计部门常常忽略对这类计算误差的校正，因而给了零碎敛集攻击以可乘之机。如果一个系统的源程序太大，很难对系统中可能存在的零碎敛集攻击进行审计，除非对某个程序员有怀疑才会这样做。

(三)隐蔽信道

隐蔽信道是指程序中把敏感信息传递给不该知道此信息的人的秘密途径。我国古代的一些藏头诗中也包含了隐蔽信道。例如，《水浒传》中吴用为了逼卢俊义到梁山，在卢俊义家中题写一首藏头诗：

芦花滩上有扁舟，

俊杰黄昏独自游。

义到尽头原是命，

反躬逃难必无忧。

这首诗中每一句的第一个字组成了隐蔽信道，从中透露出秘密信息。在计算机系统中，有的程序员采用同样的手段，在正常程序中建立隐蔽信道，如在正常输出报表中隐藏输出一些敏感信息。

程序员建立隐蔽信道，主要有以下方式：

1.在输出报告中隐蔽输出敏感信息

如果把敏感数据直接用报表打印出来，则十分引人注目，容易引起安全人员的注意。程序员可以通过改变输出格式、变动行的长度、打印或不打印某个确定值的方法将某个敏感数据编制到一个正常的报告中。例如，将输出标题中的单词“total”改为“totals”可能不会引起注意，却建立了 1 bit 信息量的隐蔽信道。

可以用“s”的出现与不出现表示本次输出报表中是否有秘密信息输出，也可以用于表示某个敏感文件是否已经建立，通知窃取者访问。敏感数字可以被精心安排在输出结果清单的不重要的位置上，也可以在事先约定好的某列小数点后第几位上输出一串敏感数字，其手段就像上面介绍的藏头诗中使用的方法一样。

2.向另一个程序传递敏感信息

如果不允许程序员看到程序的输出报告，那么程序员在输出报告中做手脚就没有什么作用。程序员可以让敏感程序调用一个不敏感程序，把敏感数据传递给不引人注目的程序，然后由后者把敏感信息泄露出来。敏感程序运行时，应该注意其他正在运行的程序的输出操作是否正在输出自己的敏感信息。较好的防范方法是在运行敏感程序时，禁止所有其他程序的运行，可以采用分时运行(即规定某一时间区间内只运行敏感程序)的办法防止这类问题的发生。

3.建立秘密信道

假定某一程序(敏感程序)执行时可以访问敏感数据，而程序员无法通过打印输出报告的方式透露敏感信息，但只需要知道敏感程序是否在执行即可。在这种情况下，程序员可以安排这个程序用二进制信号传递信息，如传递的二进制信息可以来自磁带驱动的启停，或者来自系统控制台上灯的亮灭，或者来自产生了一个通知操作员做某个处理的消息。另外，程序员也可以在敏感程序中安排秘密信道，把敏感数据秘密地写到某个秘密数据文件中，等敏感程序运行结束后，程序员再取走该数据文件。

上述一些泄露信息的例子中，有的只需要小信息量的编码就可以透漏出某些敏感信息。由于程序产生的输出量极大，混在其中的这些编码实际上很难被检测到。

(四)开放敏感信息

在开发 SQL Server 这样的大型数据库应用系统时，应用程序和数据库之间可以利用开放式数据库互连(ODBC)。

使用 ODBC 时，需要设置用户的访问权限。为了调试方便，常常把程序员权限设为最高，有的甚至直接设置为系统管理员权限，使程序员可以访问数据库中的任意库表。在应用程序调试完成后，应该去掉 ODBC 中的权限设置，再将应用程序打包提交给用户使用。但经常会发生程序员忘了去掉 ODBC 中的权限设置的情况，造成敏感数据库开放的事实。

二、危害服务的程序

程序泄露敏感数据是程序对系统安全危害的一个方面，有的程序员还会利用程序影响系统提供的服务。合法的用户不能得到合法的服务响应，这种安全故障称为拒绝服务。

在系统中可能发生以下情况：进程甲占用资源A，等待进程乙释放资源B；而进程乙占用资源B，等待进程甲释放资源A。在这种情况下，如果进程不主动释放自己所占用的资源，系统便处于死锁状态。在这种状态下，系统将拒绝新的服务请求。系统调度程序应该及时发现死锁状态，让系统从这种状态中解脱出来。

第二章

计算机病毒防范技术

第一节 计算机网络病毒的特点及危害

一、计算机网络病毒的特点

从计算机网络病毒的传播方式可以看出，计算机网络病毒除具有一般病毒的特点外，还有以下新的特点。

(一)传染方式多

病毒入侵网络系统的主要途径是通过工作站传播到服务器硬盘，再由服务器的共享目录传播到其他工作站。病毒传染方式比较复杂，通常有以下几种：

(1)引导型病毒对工作站或服务器的硬盘分区表或DOS引导区进行传染。

(2)通过在有盘工作站上执行带毒程序而传染服务器映射盘上的文件。由于login.exe文件是用户入网登录时第一个被调用的可执行文件，因此该文件最易被病毒感染。login.exe文件一旦被病毒感染，则每个工作站在使用其登录时都会被感染，并进一步感染服务器共享目录。

(3)服务器上的程序若被病毒感染，则所有使用该程序的工作站都将被感染。混合型病毒有可能感染工作站上的硬盘分区表或DOS引导区。

(4)病毒通过工作站的复制操作进入服务器，进而在网上传播。

(5)利用多任务可加载模块进行传染。

(6)若服务器的DOS分区程序server.exe已被病毒感染，则文件服务器系统有可能被感染。

(二)传播速度快

单机病毒只能通过磁盘从一台计算机传染到另一台计算机,而网络病毒则可以通过网络通信机制,借助高速电缆迅速扩散。

由于病毒在网络中的传播速度非常快,故其扩散范围很大。根据测定,计算机网络在正常使用情况下,只要有一台工作站有病毒,就可在几十分钟内将网上的数百台计算机全部感染。

(三)清除难度大

单机病毒可通过删除带毒文件、格式化硬盘等措施将病毒清除,而网络中只要有工作站中还有病毒未杀干净,就可使整个网络全部重新被病毒感染,甚至刚刚完成杀毒工作的工作站也有可能被网上另一工作站的带毒程序传染。因此,仅对工作站进行杀毒处理并不能彻底解决网络病毒感染。

(四)扩散面广

由于病毒在网络中扩散非常快,扩散范围很大,不但能迅速传染局域网内所有计算机,还能通过远程工作站将病毒传播到千里之外。

(五)破坏性大

网络上的病毒将直接影响网络的工作,轻则降低速度,影响工作效率,重则造成网络系统瘫痪,破坏服务器系统资源,使众多工作毁于一旦。

二、计算机网络病毒的危害

由于计算机网络系统的各个组成部分、接口以及各连接层次的相互转换环节都不同程度地存在着漏洞和薄弱环节,而网络软件方面的保护机制也不完善,使得病毒通过感染网络服务器进而在网络上快速蔓延,并影响到各网络用户的数据安全以及计算机的正常运行。一些良性病毒不直接破坏正常代码,只是为了表示它的存在,可能会干扰屏幕的显示,或使计算机的运行速度减慢。一些恶性病毒会明确地破坏计算机的系统资源和用户信息,造成无法弥补的损失。计算机网络一旦染上病毒,其影响要远比单机染毒更大,破坏性也更大。

计算机网络病毒的危害主要表现在以下几个方面:

(1)病毒发作对计算机数据信息的直接破坏。

(2)占用磁盘空间和对信息的破坏。

(3)抢占系统资源。

(4)影响计算机运行速度。

(5)不可预见的危害。

第二节 病毒防范技术与杀毒软件

一、病毒防范技术

(一)基于特征的扫描技术

基于特征的扫描技术是目前最常用的病毒检测技术。首先,通过分析已经发现的病毒,提取每一种病毒有别于正常代码或文本的病毒特征,并建立病毒特征库。然后,根据病毒特征库在扫描的文件中进行匹配操作。

(二)基于线索的扫描技术

基于特征的扫描技术需要精确匹配病毒特征,因此很难检测出变形病毒。病毒总有一些规律性特征,如有些变形病毒通过随机产生密钥和加密作为病毒的代码来改变自己。如果检测到某个可执行文件的入口处存在实现解密过程的代码,且解密密钥包含在可执行文件中,这样的可执行文件可能就是感染了变形病毒的文件。基于线索的扫描技术通常不是精确匹配特定二进制位流模式或文本模式,而是通过分析可执行文件入口处代码的功能来确定该文件是否感染病毒。

(三)基于完整性检测的扫描技术

完整性检测是一种用于确定任意长度信息在传输和存储过程中是否发生改变的技术。它的基本思想是在传输或存储任意长度信息 P 时,添加附加信息 C,C 是对 P 进行报文摘要运算后的结果,具有如下特性:

(1)给定任意长度信息 P,能够很容易地计算出固定长度的 C=MD(P),MD 是报文摘要算法,C 的位数远小于 P 的位数。

(2)知道 C,不能反推出 P。

(3)从计算可行性讲,对于任何 P,无法找出另一任意长度信息 P′,使得 P≠P′,但 MD(P)=MD(P)′。

(4)即使只改变 P 中一位二进制位,也会使得重新计算后的 C 变化很大。

这样,可以对系统中的所有文件计算出对应的 C,将 C 存储在某个列表文件中,扫描软件定期地计算系统中文件对应的 C,并将计算结果和列表中存储的结果进行比较。如果相等,表明文件没有发生改变;如果不相等,表明文件自计算出列表中存储的 C 以后已经发生改变。

为了防止一些精致的病毒在感染文件的同时修改文件的原始报文摘要,在计算出某个文件对应的原始报文摘要后,用扫描软件自带的密钥 K 对报文摘要进行加密运算,然后将密文存储在原始检测码列表中。在定期检测文件时,对每一个文件计算出加密后的报文摘要,并和存储在原始检测码列表中的密文进行比较。

(四)防火墙

防火墙的功能是实施用于保障内部网络资源安全的访问控制策略,监控内部网络与外部网络之间的分组交换过程。可以通过配置有效的访问控制策略隔断病毒的网络传播途径和木马客户端与服务器端的通信过程。这里的访问控制策略是一组为保障内部网络资源安全,对防火墙配置的用于控制内部网络与外部网络之间的分组交换过程的规则。

下面给出利用防火墙阻止木马客户端与服务器端通信的机制。假定防火墙配置的访问控制策略只允许内网终端发起访问外网 Web 服务器的过程,防火墙只允许分组交换过程的进行。首先,由内网终端发起建立与外网终端之间目的端口号为 80 的 TCP 连接,然后,由内网终端经过 TCP 连接发送 HTTP 请求消息,由外网终端经过 TCP 连接发送对应的 HTTP 响应消息。在这种情况下,木马服务器端只能发起建立与木马客户端之间目的端口号为 80 的 TCP 连接,而且木马服务器端发送给木马客户端的数据必须封装成 HTTP 请求消息格式,且符合 HTTP 请求消息要求的语法和语义规范。同样,木马客户端发送给木马服务器端的数据必须封装成 HTTP 响应消息格式,且符合 HTTP 响应消息要求的语法和语义规范,这将给木马的编写造成很大困难。因此,只要精心配置防火墙的访问控制策略,几乎很少有木马可以通过防火墙实现客户端与服务器端的通信过程。

黑客利用 Web 服务器漏洞入侵 Web 服务器,在网页中嵌入脚本病毒,当用户通过浏览器访问该网页时,激发网页中的脚本病毒。

Web 应用防火墙(WAF)防御脚本病毒的过程:一是由 WAF 对所有进入 Web 服务器的信息流进行检测,如果发现与对 Web 服务器实施攻击相关的信息流,WAF 将丢弃这些信息流,以此避免黑客将脚本病毒嵌入 Web 服务器中网页的情况发生。二是由 WAF 对 Web 服务器传输给用户终端的文本文件进行检测,一旦发现嵌入脚本病毒的文本文件,立即丢弃该文本文件。

(五)网络入侵检测系统

网络入侵检测系统通过检测流经关键网段的信息流,发现可能存在的蠕虫病毒传播过程,并予以制止。两个探测器可以检测到所有跨交换机传输的信息流,通过对流经探测器的信息流进行实时监控,鉴别出和蠕虫病毒传播有关的 IP 分组,并予以丢弃。

鉴别和蠕虫病毒传播有关的 IP 分组的机制主要有两种:

(1)通过分析已有的蠕虫病毒传播机制,提取蠕虫病毒传播的操作特征,即传播蠕虫病毒需要的且有别于正常信息交换过程的操作序列。如传播某个蠕虫病毒,存在以下操作序列:第一,主机扫描,产生大量源 IP 地址相同、目的端口号为 80 的请求建立 TCP 连接的请求报文;第二,发送特殊 HTTP 请求消息,这些 HTTP 请求消息超长,且包含特定引导程序代码;第三,建立反向连接,产生源 IP 和目的 IP 地址互换的请求建立 TCP 连接的请求报文。

(2)建立正常情况下特定流量的阈值,如电子邮件平均流量。

(六)防毒墙

内部网络中的大量病毒是内部网络终端访问 Internet 时植入的,因此保证内部网络终端安全访问 Internet 是防御病毒的关键。防毒墙是一种用于防御病毒的网关，能够对流经该网关的 HTTP 消息、FTP 消息、SMTP 消息、POP3 消息进行深度检测，发现包含在消息中的各种类型的病毒，阻止病毒植入内部网络终端。

防毒墙检测病毒时，通常采用基于特征的扫描技术和基于线索的扫描技术，携带病毒特征库，允许在线更新病毒特征库。对压缩文件，解压后进行检测，解压层数可以达到 20 层。能够手工配置或自动建立染毒 Web 服务器列表，自动过滤来自这些 Web 服务器的网页。

（七）数字免疫系统

数字免疫系统由客户机、管理机和病毒分析机组成。

1.客户机

客户机是安装病毒检测软件的终端。病毒检测软件需要具有基于特征扫描和基于线索扫描的能力。

2.管理机

管理机负责某个子网的管理工作，并负责和病毒分析机之间的通信。

3.病毒分析机

病毒分析机是数字免疫系统的核心，在模拟运行环境中逐条解释可能感染病毒的可执行文件或文本文件，监控每一条指令的操作结果，确定可执行文件或文本文件是否存在病毒，分析病毒的感染和破坏机制，形成检测该病毒的行为特征和代码特征。

二、常用杀毒软件

杀毒软件种类繁多，对个人计算机而言，在互联网上有很多公司提供了免费的防毒杀毒软件，比较常见的有瑞星杀毒软件、360 杀毒软件等。

（一）瑞星杀毒软件

瑞星杀毒软件是瑞星公司自主研制开发的反病毒工具，是一款非常有特色的杀毒软件，由于界面简单易用、功能强大而备受用户的喜爱。瑞星杀毒软件的个人安全软件产品全面、永久免费。免费产品包括瑞星杀毒软件、瑞星防火墙、瑞星账号保险柜、瑞星安全助手等。

1.安装瑞星杀毒软件

瑞星公司的个人安全产品可以免费使用,用户可以登录瑞星公司的主页下载最新版的瑞星杀毒软件安装程序。瑞星杀毒软件的安装相当简便,只需要找到下载目录的安装文件,然后双击该文件并按照提示进行安装就可以了。安装界面也非常简洁。

安装完成后,在任务栏右边会出现一个图标,这就说明瑞星监控中心已经启动了。用户在使用时应注意:标志为绿色,表示监控正常运行;如果出现黄色或者红色,表示软件的监控出现问题,用户应当及时查看。

2.瑞星杀毒软件的使用

瑞星杀毒软件的主要功能如下:

(1)杀毒

瑞星杀毒软件的病毒查杀操作十分简单,用户可以在主界面直接选择“病毒查杀”,就会出现“全盘查杀/快速查杀/自定义查杀”选项。其中,“自定义查杀”旁边的下拉按钮可显示最近查杀的目标路径,而自定义路径则采用小窗口目录选择模式,方便用户快速对某个磁盘分区进行病毒查杀操作。

瑞星杀毒分为两个步骤:第一个步骤是选择要查杀病毒的对象,具体来说,就是选择需要查杀病毒的范围(查找的分区、引导区、内存和邮件);第二个步骤是查杀病毒。普通用户可以直接单击“快速查杀”按钮开始杀毒。在查杀病毒的过程中,用户可以看到查杀病毒的详细信息。在查杀完病毒以后,瑞星会给出一个查杀病毒报告。

第一次进行病毒查杀操作时,瑞星会要求用户升级病毒库,决策引擎和基因引擎将在用户进行升级操作后自动开启。

(2)进入防护界面

在主界面中点击保护电脑,即可进入防护界面。瑞星杀毒软件能够帮助用户在打开陌生文件或收发电子邮件、复制粘贴文件、使用U盘时,查杀和截获病毒,从而全面保护用户的计算机不受到病毒的侵害。

(3)电脑提速

目前,各大国产杀毒软件几乎都加入了系统优化功能,可以帮助用户在一定程度上优化操作系统,降低资源占用率。计算机优化功能主要分为四大模块:开机提速、运行提速、网络提速及系统提速。用户首次使用计算机优化功能时,软件将自动进行扫描,并将扫描结果告知用户,用户可以自行选择需要优化的项目进行优化。

(4)提供了多种附加功能

瑞星 V17 为用户提供了多款实用小工具,具有隐私痕迹清理、账号保险箱、安全浏览、垃圾清理、手机管理、制作安装包等附加功能。瑞星 V17 对这些小工具进行了分类,方便用户查找,如瑞星安全产品、系统优化产品、网络安全、手机安全、辅助工具,每一个类目下还有若干工具供用户选择使用。

(5)软件升级

在主界面中,单击【立即更新】按钮,即启动瑞星杀毒软件升级程序。此外,瑞星杀毒软件还提供了“自动升级”功能。只要用户的计算机联网,瑞星升级服务器就会主动向用户推送软件升级包,保障瑞星用户随时获得最新版本的病毒库,从根本上提升瑞星用户对抗新病毒的能力。

(二)360 杀毒软件

360 杀毒软件是 360 安全中心出品的一款免费的云安全杀毒软件。360 杀毒软件的防杀病毒能力得到多个国际权威安全软件评测机构的认可,荣获多项国际权威认证。

1.安装 360 杀毒软件

360 杀毒软件的安装比较简便,360 安全中心支持该软件的下载。用户可以下载离线完整安装包进行安装,也可以通过在线智能安装的方式完成安装。以下载离线安装包并在计算机上安装该软件为例,登录 360 官方网站即可下载 360 杀毒软件。下载完成后,双击该文件,按照提示进行安装就可以了。

2.新版 360 杀毒软件的优越性

360 杀毒软件的优越性体现在以下几个方面:

(1)首创的人工智能启发式杀毒引擎。这是 360 自主研发的一项重大技术创新，它采用人工智能算法，具备“自学习、自进化”能力，无须频繁升级特征库，就能检测到70%以上的新病毒。

(2)全面的主动防御技术。360杀毒软件能有效防止恶意程序对系统关键位置的篡改、拦截钓鱼挂马网址、扫描用户下载的文件、防范ARP攻击。

(3)集大成的全能扫描。360杀毒软件在快速扫描和全盘扫描中集成了上网加速、磁盘空间不足、建议禁止启动项、黑DNS等扩展扫描功能，并且还会持续添加更多的项目。

(4)全新的监控引擎。360杀毒软件重构了文件系统监控引擎，新的引擎对于各种恶意文件的监控更严密，发现更及时，处理更迅速和精确，占用系统的资源更小。

(5)界面全新设计。用户可以使用“雪线之上”的默认皮肤，仿佛置身于阿尔卑斯山山巅，皑皑白雪在远处与蓝天相接。

(6)使用“功能大全”选项取代之前的“自定义扫描”。“功能大全”集成了360杀毒软件的所有精选功能。单击“功能大全”按钮后，全界面展现推荐功能，让用户更加方便快捷地找到需要的功能，并且调整快捷工具栏。

(7)新增防护中心界面。用户单击主界面的拉绳，即可展开防护中心界面，所有防护组件状态一目了然。用户还可以查看实时防护数据。

(8)新增自定义换肤功能。用户既可以在皮肤中心任意更换定制的皮肤，也可以选择自己喜欢的图片作为杀毒主界面的皮肤，并且可以自主调节皮肤透明度。

3.360杀毒软件的使用

(1)病毒查杀

360杀毒软件包括5个查杀引擎，即云查杀引擎、QVM人工智能引擎、系统修复引擎、Avira(小红伞)病毒查杀引擎和BitDefender病毒查杀引擎。

在主界面右上角的设置中对各选项进行常规功能设置，在多引擎设置选项，可自定义启动引擎的数量。如果不希望占用太多系统资源，可以选择启动前几个引擎。

360杀毒软件提供了多种手动病毒扫描方式：快速扫描、全盘扫描、自定义扫描及Office宏病毒扫描。选择快速扫描与全盘扫描，单击后开始进行相应区域的病毒查杀工作。如果要对计算机系统内的某个区域进行病毒查杀，则需要使用指定位置扫描。启动扫描之后，显示扫描进度窗口。在这个窗口中，用户可看到正在扫描的文件、总体进度及发现的问题文件。

快速扫描完成后，软件将结果告知用户，用户可以根据自身需要选择是否信任检测出来的异常项目。普通用户可以使用软件推荐的处理方式来处理。

(2)功能大全

在360杀毒软件5.0以上的版本中，广告拦截、上网加速、软件净化以及杀毒搬家等功能，都归为360杀毒功能大全模块。功能大全模块从系统安全、系统优化和系统急救等方面，提供了多款专业、全面的软件工具，用户无须再去互联网上寻找软件，就可以优化处理各类计算机问题。

(3)产品升级

360杀毒软件具有自动升级和手动升级功能，如果开启了自动升级功能，360杀毒软件就会在有新升级文件时自动下载并安装。如果想手动升级，则可以单击“检查更新”按钮，如果有可用更新，就会下载并安装升级文件。360杀毒软件升级成功后会提示用户升级完成，以及当前软件的版本信息。

第三节 计算机典型病毒

一、蠕虫病毒

凡是能够引起计算机故障、破坏计算机数据的程序都称为计算机病毒。从这个意义上说，蠕虫也是一种病毒，但与传统的计算机病毒不同，网络蠕虫病毒以计算机为载体，以网络为攻击对象，其破坏力和传染性不容忽视。

(一)蠕虫病毒的定义

蠕虫是一种通过网络传播的恶性病毒，通过分布式网络扩散传播特定的信息或错误，进而使得网络服务遭到拒绝并发生死锁。

蠕虫是一种广义的计算机病毒。蠕虫与传统的病毒有许多不同之处，如不利用文件寄生、导致网络拒绝服务、与黑客技术相结合等。在破坏性上，蠕虫病毒也不是普通病毒所能比拟的，它和普通病毒的主要区别如表 2.1 所示。

表 2.1　普通病毒与蠕虫病毒的比较

病毒类型	普通病毒	蠕虫病毒
存在形式	寄生于文件	独立程序
传染机制	宿主程序运行	主动攻击
传染目标	本地文件	网络计算机

根据发作机制，蠕虫病毒一般可分为两类：一类是利用系统级别漏洞，主动攻击企业用户和局域网的蠕虫病毒，这种病毒以红色代码、尼姆达以及 SQL 蠕虫王为代表，可以使整个网络瘫痪；另一类是针对个人用户，通过网络电子邮件和恶意网页等形式迅速传播的蠕虫病毒，如爱虫、求职信病毒等。

自从 20 世纪 80 年代从实验室放出第一个蠕虫病毒以来，计算机蠕虫病毒以其快速、多样化的传播方式不断给网络世界带来灾害。

（二）蠕虫病毒的基本结构和传播过程

1.蠕虫病毒的基本结构

蠕虫的基本程序结构包括以下三个模块：

（1）传播模块

负责蠕虫的传播。传播模块又可以分为三个基本模块，即扫描模块、攻击模块和复制模块。

（2）隐藏模块

侵入主机后，隐藏蠕虫程序，防止被用户发现。

（3）目的功能模块

实现对计算机的控制、监视或破坏等功能。

2.蠕虫病毒的传播过程

（1）扫描

由蠕虫的扫描模块负责探测存在漏洞的主机。当程序向某个主机发送探测漏洞的信息并收到成功的反馈信息后，就得到一个可传播的对象。

（2）攻击

攻击模块按漏洞攻击步骤自动攻击找到的对象，取得该主机的权限（一般为管理员权限)。

(3)复制

复制模块通过原主机和新主机的交互将蠕虫程序复制到新主机并启动。

蠕虫的传播技术是蠕虫技术的核心。

(三)蠕虫病毒的特征

以计算机感染爱情后门病毒为例,分析蠕虫病毒的特征。

(1)D、E、F、G盘不能双击打开,硬盘驱动器根目录下存在autorun.inf文件。

(2)在每个硬盘驱动器根目录下存在很多.zip和.rar压缩文件,文件名多为pass,work,install,letter,大小约为126 KB。

(3)在每个硬盘驱动器根目录下都存在command.exe文件。

(4)hxdef.exe、iexplore.exe、netmanager.exe、netmeeting.exe、winhelp.exe等进程占用CPU资源。

(5)用命令Netstat.an查看网络连接,会发现有很多端口处于连接或监听状态,网络速度极慢。

(6)瑞星杀毒后,Windows无法找到command.exe文件,要求定位该文件。

(7)在任务管理器上看到多个cmd.exe进程。

(四)病毒的清除

清除病毒的最好方法是使用专业的杀毒软件。

具体的处理过程可按以下步骤进行:

(1)给系统账户设置足够复杂的登录密码,建议使用“字母+数字+特殊字符”。

(2)关闭共享文件夹。

(3)给系统打补丁。

(4)升级杀毒软件病毒库,断开网络的物理连接,关闭系统还原功能后进入安全模式,使用杀毒软件杀毒。

二、CIH病毒

(一)CIH病毒简介

CIH病毒传播的主要途径是Internet和电子邮件。

CIH 病毒属于文件型病毒，主要感染 Windows 下的可执行文件。CIH 病毒使用面向 Windows 的 VxD 技术，使得这种病毒传播的实时性和隐蔽性都很强。

（二）CIH 病毒的破坏性

CIH 病毒感染 Windows 可执行文件，却不感染 Word 和 Excel 文档；感染 Windows 系统，却不感染 Windows NT 系统。

CIH 病毒采取一种特殊的方式对可执行文件进行感染，感染后的文件大小没有变化，病毒代码的大小为 1 KB 左右。当一个已染毒的可执行文件被执行时，CIH 病毒驻留内存，在其他程序访问时对它们进行感染。

CIH 最大的特点就是对计算机硬盘及 BIOS 具有超强的破坏能力。在病毒发作时，病毒从硬盘主引导区开始依次往硬盘中写入垃圾数据，直到硬盘数据全被破坏为止。因此，当 CIH 被发现时，硬盘数据已经遭到破坏，当用户想要采取措施时，面临的可能已经是一台瘫痪的计算机了。

CIH 病毒发作时还试图覆盖 BIOS 中的数据。一旦 BIOS 被覆盖掉，机器将不能启动，只有对 BIOS 进行重写。

（三）防范 CIH 病毒的措施

首先，应了解 CIH 病毒的发作时间，如每月 26 日。在病毒暴发前夕，提前进行查毒、杀毒，同时将系统时间改为其后的时间，如 27 日。

其次，杜绝使用盗版软件，尽量使用正版杀毒软件，并在更新系统或安装新的软件前，对系统或新软件进行一次全面的病毒检查，做到防患于未然。

最后，一定要对重要文件经常进行备份，万一计算机被病毒破坏了还可以及时恢复。

（四）感染了 CIH 病毒的处理

首先，注意保护主板的 BIOS。应了解计算机主板的 BIOS 类型。如果是不可升级的，用户不必惊慌，因为 CIH 病毒对这种 BIOS 的最大危害就是使 BIOS 返回到出厂时的设置，用户只要将 BIOS 重新设置即可。如果 BIOS 是可升级的，用户则不要轻易地从 C 盘重新启动计算机（否则 BIOS 会被破坏），而应及时地进入 BIOS 设置程序，将系统引导盘设置为 A 盘，然后用 Windows 的系统引导软盘启动系统到 DOS 7.0，对硬盘进行一次全面查毒。

其次，由于 CIH 病毒主要感染可执行文件，用户在彻底清除硬盘所有的 CIH 病毒后，应该重新安装系统软件和应用软件。

最后，如果硬盘数据遭到破坏，可以直接使用瑞星等杀毒软件来恢复。用瑞星杀毒软件软盘来启动计算机，进入瑞星杀毒软件 DOS 版界面，选择【实用工具】菜单中的【修复硬盘数据】命令，根据提示操作，就可以对硬盘进行恢复。恢复完毕后，重启计算机，数据将会失而复得。也可以登录瑞星，下载硬盘修复专用工具，完成数据的恢复。

三、木马病毒

（一）木马病毒的定义

木马全称为特洛伊木马。特洛伊木马是指一种计算机程序，表面上或实际上有某种有用的功能，其含有隐藏的可以控制用户计算机系统、危害系统安全的功能，可能造成用户资料的泄露、破坏或整个系统的崩溃。

（二）木马病毒的检测

1.查看 system.ini 文件

选中“system.ini”标签，展开“boot”目录，查看“shell＝”行，正常应为“shell＝Explorer.exe”；如果不是，则可能中木马了。

2.查看 win.ini 文件

选中“win.ini”标签，展开“windows”目录，查看“run＝”和“Toad＝”行，正常情况等号后面是空的。

3.查看启动组

查看启动标签中的启动项目，如果有“netbus”“netspy”“bo”等关键词，极有可能是中木马了。

4.查看注册表

选择“开始”中的“运行”命令，输入“regedit”，单击“确定”按钮运行注册表编辑器。展开至“HKEY－LOCAL－MACHINE\Software\Microsoft\Windows\CurrentVersion\Run”目录下，查看键值中有无自己不熟悉的自动启动文件项目，比如“netbus”“netspy”“netserver”等关键词。

注意：有的木马程序生成的服务器程序文件很像系统自身的文件。

通过类似的方法对下列各个主键下面的键值进行检查：

HKEY－LOCAL－MACHINE\Software\Microsoft\Windows\CurrentVersion\RunOnce

HKEY－LOCAL－MACHINE\Software\Microsoft\Windows\CurrentVersion\RunOnceEx

HKEY－LOCAL－MACHINE\Software\Microsoft\Windows\CurrentVersion\RunServices

HKEY－LOCAL－MACHINE\Software\Microsoft\Windows\CurrentVersion\RunServicesOnce

如果操作系统是 Windows NT，还要注意“HKEY－LOCAL－MACHINE\Software\SAM”下面的内容。如果有项目，那极有可能是中木马了。正常情况下，该主键下面是空的。

当然，在注册表中还有很多地方可以隐藏木马程序，上面这些主键是木马比较常用的隐身之处。检测木马最好的办法就是在“HKEY－LOCAL－MACHINE\Software\Microsoft\Windows\CurrentVersion\Run”或其他主键下面找到木马程序的文件名，再通过其文件名对整个注册表进行全面搜索，这样就知道它有几个藏身的地方了。

注册表各个主键下都会有默认的注册项，而且数据显示为未设置键值，也就是空的。如果发现这个默认项被替换了，那么替换它的可能就是木马了。

在进行计算机操作时，发现计算机速度明显变化、硬盘不停地读写、鼠标不听使唤、键盘无效、一些窗口在未得到自己允许的情况下被关闭、新的窗口被莫名其妙地打开等，这些不正常现象都可能是木马客户端在远程控制计算机的结果。

（三）木马病毒清除实例

下面介绍几种常见木马病毒的清除方法。

1.trojan.agent 病毒的清除

清除 trojan.agent 病毒，可在安全模式下进行以下处理：

(1)重启计算机,进入安全模式。

(2)通过控制面板打开“添加删除程序”对话框,找到“WinDirected 2.0”并卸载。

(3)在安全模式下,打开控制面板的“Internet”选项,单击“删除文件”按钮,打开删除文件对话框,选中“删除所有脱机内容”复选框。

(4)在安全模式下删除文件夹“C:\Windows\System32\mscache”“C:\Windows\System32\msicn”。

(5)重启计算机,进入正常模式,用杀毒程序全盘扫描。

2.trojan.psw.agent.any 病毒的清除

trojan.psw.agent.any 病毒会自动将用户的 IE 主页锁定为“9505 上网导航”,并自动从网上下载新的变种病毒。该病毒运行后会将自身复制到系统文件目录中,文件名为“msprt.dll”。同时,将自身复制到 QQ 软件安装目录下,并从互联网上下载染毒的“riched32.dll”文件覆盖原有文件,使用户启动 QQ 时自动运行病毒。该病毒还会修改系统配置文件,使用户访问其他网站时自动跳转到“9505 上网导航”网站。

可以采取以下措施预防和清除 trojan.psw.agent.any 病毒:

(1)升级杀毒软件到最新版本,同时开启实时监控程序,防止病毒侵入。

(2)在个人防火墙的网站访问控制黑名单中加入“www.9505.com”地址,并开启保护功能,阻断病毒的升级途径。

(3)如果发现 IE 浏览器的首页被莫名其妙地设置为“9505 上网导航”网站,立即使用杀毒软件查毒。

3.trojan.dropper 病毒的清除

trojan.dropper 为木马捆绑和伪装工具,可以把木马捆绑到其他文件上。

可采取以下方法清除病毒:

(1)关闭系统还原的功能。

(2)连接网络,更新病毒定义库。

(3)更新完后,重新开机,进入安全模式或者 VGA 模式。

(4)执行全系统扫描,删除检测到感染病毒的所有档案。

(5)删除被病毒自行增加到登录文件的登录值。

第四节　反垃圾邮箱技术

一、垃圾邮件的概念

垃圾邮件没有明确的定义，但它的诸多特征已经得到了国内外安全专家的认可。垃圾邮件通常是未经收件人主动请求又无法拒收的邮件，邮件内容相似并且隐藏或伪造发件人身份、地址、标题信息的邮件。

中国电信制定的垃圾邮件处理办法中，将垃圾邮件定义为：向未主动请求的用户发送的电子邮件广告、刊物或其他资料；没有明确的退信方法、发信人、回信地址等的邮件；利用中国电信的网络从事违反其他网络业务提成商（ISP）的安全策略或服务条款的行为；其他预计会导致投诉的邮件。

二、反垃圾邮件的相关技术

垃圾邮件的发送方式有以下几种：其一，垃圾邮件发送者利用宽带连接，通过 SMTP 服务器大量发送垃圾邮件；其二，病毒邮件、蠕虫邮件利用操作系统或者应用系统的漏洞，大量转发含带病毒的邮件；其三，利用邮件服务器的漏洞进行垃圾邮件的发送；其四，利用互联网数据中心提供的邮件服务，以正常用户的方式进行垃圾邮件的发送等。

尽管几乎所有的安全网关、防火墙和个人安全软件都提供了垃圾邮件过滤功能，但是垃圾邮件的数量仍然大得惊人。反垃圾邮件技术已经成为影响甚至改变互联网环境的重要技术。

（一）实时黑名单法

实时黑名单法就是将发送垃圾邮件的服务器列入黑名单中。所谓实时黑名单，实际上是一组可供查询的 IP 地址列表。判断一个 IP 地址是否已经被列入黑名单，只要使用黑名单服务的软件发出一个查询到黑名单服务器。如果该地址被列入黑名单，那么服务器会返回一个有效地址的答案；反之，则得到一个否定答案。大多数主流邮件服务器都支持实时黑名单服务，多数提供者是有国际信誉的组织，因此该名单是可信任的。

(二)贝叶斯过滤器

贝叶斯算法是一个非常著名的算法，其理论基础是通过对大量垃圾邮件中常见关键词进行分析，得出其分布的统计模型，并由此推算目标邮件是垃圾邮件的概率。贝叶斯过滤器是用户根据自己所接受的垃圾邮件和非垃圾邮件的统计数据来创建的，这意味着垃圾邮件发送者无法猜测出过滤器是如何配置的，从而能够有效阻止垃圾邮件。贝叶斯过滤器能够学习分辨垃圾邮件与非垃圾邮件之间的差别(差别是用概率来表示的)，并且自动应用到以后的检测中。在收到几百封信件后，一个好的贝叶斯过滤器就可以自动识别各种垃圾邮件。这是一种相对于关键字来说，更复杂和更智能化的内容过滤技术。这种方法具有一定的自适应、自学习能力，目前已经得到了广泛的应用。

(三)服务器认证法

服务器认证法是指在相互认证的服务器和用户之间建立信任关系，接收邮件。邮件服务器的数量巨大，因此服务器认证是一个庞大的社会工程。尽管有些邮件服务器已经开始建立这样的关联，但这只是这项社会工程中的一小部分。

(四)连接/发送频率监测法

正常用户发送和接收邮件的数量和频率远远低于垃圾邮件发送者，因此，可以从频率和数量对垃圾邮件发送者的连接行为进行控制。

(五)反垃圾邮件防火墙

反垃圾邮件防火墙由专用服务器和固化的操作系统构成，逻辑位置部署在网关和服务器之间。建设反垃圾邮件防火墙虽然增加了网络建设的成本，但是其可以保证网络处理效率，不会造成高速网络的停滞，比较适合大型公司。

第五节　计算机病毒技术

计算机病毒的广泛传播，推动了反病毒技术的发展。新的反病毒技术的出现，又迫使计算机病毒技术再次更新。在此过程中，出现了许多计算机病毒新技术，其主要目的是使计算机病毒能够广泛地进行传播。

一、抗病毒分析技术

抗病毒分析技术是针对病毒分析技术的。为了使病毒分析者难以清楚地分析出病毒原理，病毒综合采用了以下两种技术：

(一)加密技术

这是一种防止静态分析的技术，它使病毒分析者无法在不执行病毒的情况下阅读加密过的病毒程序。

(二)反跟踪技术

此技术使病毒分析者无法动态跟踪病毒程序的运行。

在无法静态分析和动态跟踪的情况下，病毒分析者是无法知道病毒工作原理的。

二、隐蔽性病毒技术

难以被人发现是病毒的重要特性。隐蔽好、不易被发现，可以争取较长的存活期，造成大面积的感染。隐蔽自己的病毒技术称为隐蔽性病毒技术，它是与计算机病毒检测技术相对应的。此类病毒使自己融入运行环境中，隐蔽行踪，使病毒检测工具难以发现自己。一般来说，有什么样的病毒检测技术，就有相应的隐蔽性病毒技术。

若计算机病毒采用隐蔽技术，则在病毒进入内存后，用户几乎感觉不到它的存在。

三、多态性病毒技术

多态性病毒是指采用特殊加密技术编写的病毒，这种病毒每感染一个对象，就采用随机方法对病毒主体进行加密，不断改变其自身代码。这样，放入宿主程序中的代码互不相同，不断变化，同一种病毒就具有了多种形态。

多态性病毒的出现给传统的特征代码检测法带来了巨大的冲击，所有采用特征代码检测法的检测工具和清除病毒工具都不能识别它们。被多态性病毒感染的文件中附带着病毒代码，每次感染都使用随机生成的算法将病毒代码密码化。由于其组合的状态不计其数，所以不可能从该类病毒中抽出可作为依据的特征代码。

对于多态性病毒应该采取主动防御的措施，采用病毒行为跟踪的方法，在病毒要进行传染、破坏时发出警报，并及时阻止病毒进行任何有害操作。

四、超级病毒技术

超级病毒技术是一种很先进的病毒技术。

信息共享使病毒与正常程序有了汇合点。病毒借助信息共享能够获得感染正常程序、实施破坏的机会。如果没有信息共享，正常程序与病毒相互完全隔绝，没有任何接触机会，病毒便无法攻击正常程序。如果病毒制造者能找到一种方法，使计算机病毒进行感染、破坏时，反病毒工具无法接触到病毒，消除两者交互的机会，那么反病毒工具便失去了捕获病毒的机会，从而使病毒的感染、破坏过程得以顺利完成。

由于计算机病毒的感染、破坏必然伴随着磁盘的读、写操作，所以预防计算机病毒的关键在于病毒预防工具能否获得运行的机会，以对这些读、写操作进行判断分析。超级病毒技术就是在计算机病毒进行感染、破坏时，使得病毒预防工具无法获得运行机会的病毒技术。

五、插入性病毒技术

病毒感染文件时，一般将病毒代码放在文件头部，或者放在尾部，虽然可能对宿主代码做出某些改变，但总的来说，病毒与宿主程序有明确界限。

插入性病毒在不了解宿主程序的功能及结构的情况下，能够将宿主程序拦腰截断，在宿主程序中插入病毒程序。此类病毒的编写是相当困难的。如果对宿主程序的切断处理不当，则很容易死机。

六、破坏性病毒技术

破坏性病毒技术是针对计算机病毒消除技术而设计的。

计算机病毒消除技术是将被感染程序中的病毒代码摘除，使之变为无毒的程序。一般病毒感染文件时，不伤害宿主程序代码。有的病毒虽然会移动或变动部分宿主代码，但在内存运行时，还是要恢复其原样，以保证宿主程序正常运行。

破坏性病毒则将病毒代码覆盖式写入宿主文件，染毒后的宿主文件丢失了与病毒代码等长的源代码。如果宿主文件长度小于病毒代码长度，则宿主文件全部丢失，文件中的代码全部是病毒代码。如果宿主程序没有副本，感染后，任何人、任何工具都无法补救，所以此种病毒无法做常规的杀毒处理。

一般的杀毒操作不能消除此类病毒，它是杀毒工具不可逾越的障碍。破坏性病毒虽然恶毒，却很容易被发现，因为人们一旦发现一个程序不能完成它应有的功能，一般会将其删除，这样病毒根本无法向外传播，因而不会造成太大的危害。

综上所述，计算机病毒技术是多种多样的，给反病毒技术带来严重的挑战。只有详细了解病毒原理以及病毒采用的各种技术，才能更好地防治病毒。

第三章

防火墙技术

第一节　防火墙概述

一、防火墙的基础知识

计算机网络已成为企业赖以生存的命脉，企业通过内部网络进行管理、运行，同时通过外部网络从异地取回重要数据。开放的外部网络带来各种各样的威胁，因此企业必须加筑安全的屏障，把威胁拒之门外，把内部网络保护起来。对内部网络的保护可以采取多种方式，最常用的就是防火墙。

防火墙是一种重要的网络防护技术。人们在建筑和使用木质结构房屋的时候，为了使“城门失火”不致“殃及池鱼”，将坚固的石块堆砌在房屋周围作为屏障，以防止火灾进一步地蔓延，这种防护构筑物被称为防火墙。在信息世界里，由计算机硬件或软件系统构成防火墙来保护敏感的数据不被窃取和篡改。

防火墙是设置在可信任的企业内部网络和不可信任的公共网络或网络安全域之间的一系列部件的组合，是建立在现代通信网络技术和信息安全技术基础上的应用性安全技术。防火墙是目前网络安全领域认可程度最高、应用范围最广的网络安全技术。

二、防火墙的功能

在逻辑上，防火墙是分离器，也是限制器，更是分析器，它可以有效地监控内部网络和外部网络之间的任何活动，保证内部网络的安全。典型的防火墙具有以下三个方面的基本特性：

(一)内部网络和外部网络之间的所有网络数据流都必须经过防火墙

防火墙安装在信任网络(内部网络)和非信任网络(外部网络)之间,通过防火墙可以隔离非信任网络与信任网络的连接,同时不会妨碍人们对非信任网络的访问。

内部网络和外部网络之间的所有网络数据流都必须经过防火墙,这是防火墙所处网络位置的特性,同时也是一个前提。只有当防火墙是内、外部网络之间通信的唯一通道时,才可以全面、有效地保护内部网络不受侵害。

防火墙的目的就是在网络连接之间建立一个安全控制点,通过允许、拒绝或重新定向经过防火墙的数据流,实现对进出内部网络的服务和访问的审计与控制。

(二)只有符合安全策略的数据流才能通过防火墙

防火墙最基本的功能是根据企业的安全政策控制(允许、拒绝、监测)出入网络的信息流,确保网络流量的合法性,并在此前提下,将网络流量快速地从一条链路转发到另外的一条链路上。

(三)防火墙自身具有非常强的抗攻击能力

防火墙自身具有非常强的抗攻击能力,这是其担当企业内部网络安全防护重任的先决条件。防火墙处于网络边缘,就像一个边界卫士一样,每时每刻都要面对黑客的入侵,这就要求防火墙自身具有非常强的抗击入侵本领。

防火墙是位于一个或多个安全的内部网络和外部网络之间,进行网络访问控制的网络设备。防火墙的目的是防止不期望的或未授权的用户和主机访问内部网络,确保内部网络正常、安全地运行。防火墙决定了哪些内部服务可以被外界访问,以及哪些外部服务可以被内部人员访问。防火墙只允许授权的数据通过,而且防火墙本身必须能够免于渗透。

防火墙除了具备上述三个基本特性外,还具有以下几种功能：

第一,针对用户制定各种访问控制策略。

第二,对网络存取和访问进行监控审计。

第三,支持虚拟专用网络。

第四，支持网络地址转换。

第五，支持身份认证等。

三、防火墙的局限性

通常，人们认为防火墙可以保护内部网络不受外界的侵袭和干扰，但随着网络技术的发展，网络结构日趋复杂，传统防火墙在使用的过程中暴露出以下局限性：

第一，防火墙不能防范未经过防火墙的攻击。没有经过防火墙的数据，防火墙无法检查，如个别内部网络用户绕过防火墙拨号访问等。

第二，防火墙不能解决来自内部网络的攻击和安全问题。

第三，防火墙不能防止策略配置不当或错误配置引起的安全威胁。防火墙是一个被动的安全策略执行设备，要根据策略规定来执行，而不能自作主张。

第四，防火墙不能防止利用标准网络协议中的缺陷进行的攻击。一旦防火墙准许某些标准网络协议，就不能防止利用该协议中的缺陷进行的攻击。

第五，防火墙不能防止利用服务器系统漏洞所进行的攻击。防火墙不能防止黑客通过防火墙准许的访问端口对该服务器的漏洞进行攻击。

第六，防火墙不能防止受病毒感染的文件的传输。防火墙本身并不具备查杀病毒的功能。

第七，防火墙不能防止人为或自然的破坏。防火墙是一个安全设备，其本身必须在一个安全的地方。

入侵防御系统（IPS）可以弥补防火墙的不足，为网络提供实时的监控，并且在发现入侵的初期采取相应的防护手段。

四、防火墙的分类

市场上的防火墙产品非常多，划分的标准也很多。

按性能分类，可分为百兆防火墙、千兆防火墙和万兆防火墙。

按形式分类，可分为软件防火墙和硬件防火墙。

按被保护对象分类，可分为单机防火墙和网络防火墙。

按体系结构分类，可分为双宿主主机体系结构、被屏蔽主机体系结构、被屏蔽子网体系结构。

按技术分类，可分为包过滤防火墙、应用代理型防火墙、状态检测防火墙、复合型防火墙和下一代防火墙。

按CPU架构分类，可分为通用CPU、网络处理器(NP)、专用集成电路(ASIC)和多核架构防火墙。

(一)软件防火墙和硬件防火墙

软件防火墙运行于特定的计算机上，需要用户预先安装好计算机操作系统。一般来说，这台计算机就是整个网络的网关。软件防火墙像其他软件产品一样，需要先在计算机上安装并做好配置才可以使用。使用这类防火墙，需要网络管理员对所工作的操作系统平台比较熟悉。

硬件防火墙一般是通过网线连接于外部网络接口与内部服务器或企业网络之间的设备。硬件防火墙又划分为两种结构，一种是普通硬件防火墙，另一种是芯片级硬件防火墙。

普通硬件防火墙大多基于计算机架构，也就是说，它们与普通的计算机没有太大区别。这种防火墙措施相当于专门使用一台计算机安装软件防火墙。此类防火墙采用的依然是别人的内核，因此会受到操作系统本身的安全性影响。

芯片级硬件防火墙基于专门的硬件平台，使用专用的操作系统，防火墙本身的漏洞比较少，在上面搭建的软件也是专门开发的，专有的ASIC芯片使其比其他种类的防火墙速度更快，处理能力更强，性能更高。

软件防火墙成本比较低，硬件防火墙成本比较高。购进一台计算机架构防火墙要几千元，高档次的芯片级硬件防火墙更是在10万元以上。

(二)单机防火墙和网络防火墙

单机防火墙通常采用软件方式，将软件安装在各个单独的计算机上，通过对单机的访问控制进行配置来达到保护单机的目的。该类防火墙功能单一，利用网络协议，按照通信协议来维护主机，对主机的访问进行控制和防护。

网络防火墙采用软件方式或者硬件方式，通常安装在内部网络和外部网络之间，用来维护整个系统的网络安全。通过对网络防火墙进行配置，能够使整个系统具有相对较高的安全层次，同时能够使防火墙的功能得到尽可能的发挥，制定比较全面的安全策略。网络防火墙功能全面，如可以实现 NAT 地址转换、IP＋MAC 地址捆绑、动态包过滤、入侵检测、状态监控、代理服务等复杂的功能，这些功能很多是内部网络系统所需要的。网络防火墙有利于维护内部网络的安全，将整个内部系统置于防火墙安全策略之下。

单机防火墙是网络防火墙的一个有益补充，但是其并不能代替网络防火墙提供强大的保护内部网络的功能。网络防火墙是从全局出发，对内部网络系统进行维护。

(三)防火墙的体系结构

通常，防火墙包括路由器和主计算机，或者是路由器、计算机和配有适当软件的网络设备的多种组合。

由于网络结构多种多样，各站点的安全要求也不尽相同，目前还没有一种统一的防火墙设计标准。防火墙的体系结构有很多种，在设计过程中应该根据实际情况进行考虑。

1.双宿主主机体系结构

首先介绍堡垒主机。堡垒主机是一种配置了安全防范措施的网络上的计算机，其为网络之间的通信提供了一个阻塞点。如果没有堡垒主机，网络之间将不能相互访问。

双宿主主机位于内部网络和外部网络之间。一般来说，用一台装有两块网卡的堡垒主机作防火墙。这两块网卡各自与受保护网络和外部网络相连，分别属于内外两个不同的网段。

堡垒主机上运行着防火墙软件，可以转发应用程序、提供服务等。双宿主主机网关中，堡垒主机的系统软件虽然可用于维护系统日志，但其弱点也比较突出，一旦黑客侵入堡垒主机，便使其只具有路由功能，任何网上用户均可以自由访问内部网络。双宿主主机体系结构非常简单，一般通过代理来实现，或者通过用户直接登录到该主机来提供服务。

2.被屏蔽主机体系结构

屏蔽主机防火墙易于实现，由一个堡垒主机和屏蔽路由器组成。堡垒主机被安排在内部局域网中，同时在内部网络和外部网络之间配备了屏蔽路由器。

在这种体系结构中，通常在路由器上设立过滤规则，外部网络必须通过堡垒主机才能访问内部网络中的资源，堡垒主机成为唯一从外部网络可直接到达的主机。对内部网络的基本控制策略由安装在堡垒主机上的软件决定，确保内部网络不受未被授权的外部用户攻击。

内部网络中的计算机可以通过堡垒主机或者屏蔽路由器访问外部网络中的某些资源，在屏蔽路由器上应设置数据包过滤原则。

(1)内部网络中计算机的网关指向屏蔽路由器，并在路由器中设置过滤规则，允许除堡垒主机外的其他主机与外部网络连接，这些连接只是相对于某些服务的。

(2)屏蔽路由器不允许来自内部主机的所有连接，即其他主机只能通过堡垒主机使用代理服务。

屏蔽主机防火墙实现了网络层和应用层的安全，因而比单独的包过滤或应用网关代理更安全。在这一方式下，屏蔽路由器配置是否正确是防火墙安全与否的关键。如果堡垒主机被攻破或路由表遭到破坏，堡垒主机就可能被越过，与其他主机在同一个子网，使内部网络完全暴露。因此，堡垒主机必须是高度安全的计算机系统，并且能保护好屏蔽路由器的路由表。

3.被屏蔽子网体系结构

屏蔽子网防火墙由一个防火墙和内外两个路由器构成屏蔽子网。与被屏蔽主机体系结构相比，被屏蔽子网体系结构添加了周边网络，在外部网络与内部网络之间加上了额外的安全层。

在实际应用中，某些主机需要对外提供服务。为了更好地提供服务，同时有效地保护内部网络的安全，将这些需要对外开放的主机与内部的众多网络设备分隔开来，根据不同的需要，有针对性地采取相应的隔离措施。这样便能在对外提供友好服务的同时，最大限度地保护内部网络。针对不同资源提供不同安全级别的保护，这样就构建了一个 DMZ，即“隔离区”或者“非军事化区”。在这种体系结构中，防火墙连接一个 DMZ。

在 DMZ 中，通常包括堡垒主机、Modem 池及所有的公共服务器，如企业

Web 服务器、FTP 服务器和论坛等。DMZ 可以为主机环境提供网络级的保护，能减少为不信任客户提供服务而引发的危险，是放置公共信息的最佳位置。DMZ 可更加有效地保护内部网络。

规划一个拥有 DMZ 的网络时，可以明确各个网络之间的访问关系，确定 DMZ 中的访问控制策略。

（1）内部网络可以访问外部网络。在这一策略中，防火墙需要进行源地址转换，以达到隐蔽真实地址、控制访问的目的。

（2）内部网络可以访问 DMZ，方便用户使用和管理 DMZ 中的服务器。

（3）外部网络不能访问内部网络。

（4）外部网络可以访问 DMZ 中的服务器，同时需要由防火墙完成对外部地址到服务器实际地址的转换。

（5）DMZ 不能访问内部网络。

（6）DMZ 不能访问外部网络。此条策略也有例外。例如，DMZ 在放置邮件服务器时就需要访问外部网络，否则将不能正常工作。

在屏蔽子网防火墙方案中，由防火墙和内部的路由器构成屏蔽子网，通过这一子网将外部网络与内部网络分离。外部路由器抵挡外部网络的攻击，防火墙管理 DMZ 和内部网络。局域网内部对外部网络的访问则由防火墙和位于 DMZ 的堡垒主机控制。在这种结构中，一个黑客必须通过三个独立的区域（屏蔽路由器、防火墙和堡垒主机）才能够到达局域网。即使堡垒主机被入侵者控制，内部网络仍受到内部包过滤路由器的保护，而且可以设置多个堡垒主机运行各种代理服务，以更有效地提供服务。这样的结构使黑客攻击难度大大增加，内部网络的安全性也就大大提高，但其成本也是最高的。

（四）防火墙技术

防火墙技术的发展大致分为五个阶段。

（1）包过滤防火墙。第一代防火墙技术几乎与路由器同时出现，采用了包过滤技术。多数路由器本身就包含分组过滤功能，网络访问控制可通过路由控制来实现，从而使具有分组过滤功能的路由器成为第一代防火墙产品。

（2）代理防火墙。第二代防火墙工作在应用层，能够根据具体的应用对数据进行过滤或者转发,也就是人们常说的代理服务器、应用网关。这样的防火墙彻底隔断了内部网络与外部网络的直接通信。内部网络用户对外部网络的访问变成防火墙对外部网络的访问,然后由防火墙把访问结果转发给内部网络用户。

(3)状态检测防火墙。状态检测防火墙是基于连接过程,根据数据包状态的变化来决定访问控制的策略。

(4)复合型防火墙。复合型防火墙结合了代理防火墙的安全性和包过滤防火墙的高速度等优点,实现了第三层至第七层自适应的数据过滤。

(5)下一代防火墙。随着网络带宽的提升,网络流量巨大,对防火墙的性能要求也越来越高。下一代防火墙就是在这种背景下出现的。为应对当前与未来的网络安全威胁,防火墙必须具备一些新的功能,如基于用户防护和面向应用安全等功能。通过深入洞察网络中的用户、应用和内容,并借助全新的高性能并行处理引擎,下一代防火墙在性能上有很大的提升。

(五)防火墙 CPU 架构

1.Intel x86(通用 CPU)架构防火墙

通用 CPU 架构防火墙多是基于 Intel x86 系列架构的产品,又被称为工控机防火墙。在百兆防火墙中,Intel x86 架构的硬件具有高灵活性、扩展性开发、设计门槛低、技术成熟等优点。

由于采用了 PCI 总线接口,Intel x86 架构的硬件虽然理论上能达到 2 Gb/s 的吞吐量,但是 Intel x86 架构的硬件并非为了网络数据传输而设计,对数据包的转发性能相对较弱,在实际应用中,尤其是在小包情况下,远远达不到标准性能。

由于国内安全厂商并没有掌握 Intel x86 架构的核心技术,其 BIOS 中存在隐藏的漏洞,有可能影响防火墙的安全可靠性。

2.ASIC 架构防火墙

采用 ASIC 技术可以为防火墙应用设计专门的数据包处理流水线,优化存储器等资源的利用。基于硬件的转发模式、多总线技术、数据层面与控制层面分离等技术,ASIC 架构防火墙解决了带宽容量和性能不足的问题,稳定性也得到了很好的保证。

ASIC 技术的性能优势主要体现在网络层转发上,对于需要强大计算能力的应用层数据的处理，则不占优势。由于 ASIC 不可编程，无法添加新的功能，面对频繁变异的应用安全问题，其灵活性和扩展性难以满足要求。

3.NP 架构防火墙

NP 是专门为处理数据包而设计的可编程处理器，其特点是包含了多个数据处理引擎。这些引擎可以并发进行数据处理工作，在处理二层至四层的分组数据上，比通用处理器具有明显的优势，能够直接完成网络数据处理的一般性任务。硬件体系结构大多采用高速的接口技术和总线规范，具有较高的输入输出能力，数据包处理能力得到了很大提升。

NP 具有完全的可编程性、简单的编程模式、开放的编程接口及第三方支持能力，一旦有新的技术或者需求出现，设计师可以很方便地通过微码编程实现更新。这些特性使得 NP 架构防火墙与传统防火墙相比，在性能上得到了很大的提高。NP 架构防火墙和 ASIC 架构防火墙的原理相似，NP 架构防火墙在升级和维护方面比 ASIC 架构防火墙好。从性能和编程灵活性方面考虑，多核架构防火墙更优。

4.多核架构防火墙

多核处理器在同一个硅晶片上集成了多个独立物理核心。所谓核心，就是指处理器内部负责计算、接收存储命令、处理数据的执行中心，可以理解成一个单核 CPU。每个核心都具有独立的逻辑结构，包括缓存、执行单元、指令级单元和总线接口等逻辑单元，通过高速总线、内存共享进行通信。多核处理器编程开发周期短、数据转发能力强。目前，国内外大多数厂家都采用多核处理器。

第二节　防火墙技术原理

一、包过滤防火墙

(一)包过滤防火墙工作原理

包过滤防火墙是一种通用、廉价、有效的安全手段。通用，是因为它不针对各个具体的网络服务采取特殊的处理方式，适用于所有网络服务；廉价，是因为大多数路由器都提供分组过滤功能，而这类防火墙多数是由路由器集成；有效，是因为它能够极大程度地满足企业的安全要求。

包过滤防火墙工作在网络层，其工作原理是在网络层实现数据的转发。包过滤模块一般检查网络层、传输层内容，包括下面几项：

(1)源、目的 IP 地址。

(2)源、目的端口号。

(3)协议类型。

(4)TCP 数据报的标志位。

通过检查模块，防火墙拦截和检查所有进站和出站的数据。

防火墙检查模块首先验证数据包是否符合规则。无论是否符合过滤规则，防火墙都要记录数据包的情况，对不符合规则的数据包要进行报警或通知管理员。对丢弃的数据包，防火墙可以给发送方发一个消息，也可以不发。如果返回一个消息，攻击者可能会根据拒绝包的类型猜测出过滤规则的大致情况，所以是否返回消息要慎重。

在进行包过滤判断时不关心数据包的具体内容。包过滤只能进行以下操作：不让任何工作站从外部网络用 Telnet 登录到内部网络；允许任何工作站使用简单邮件传输协议(SMTP)向内部网络发送电子邮件。

包过滤系统处于网络的 IP 层和 TCP 层，而不是应用层，所以无法对应用层的具体操作进行任何过滤。以文件传输协议(FTP)为例，FTP 应用中包含许多具体的操作，如读取操作、写入操作、删除操作等。另外，包过滤系统不能识别数据报中的用户信息。

(二)包过滤防火墙的特点

1.包过滤防火墙的优点

(1)利用路由器本身的包过滤功能，以访问控制列表方式实现。

(2)处理速度较快。

(3)对安全要求低的网络采用路由器附带防火墙的方法，不需要其他设备。

(4)对用户来说是透明的，用户的应用层不受影响。

2.包过滤防火墙的缺点

(1)无法阻止“IP 欺骗”。黑客可以在网络上伪造 IP 地址、路由信息欺骗防火墙。

(2)对路由器中过滤规则的设置和配置十分复杂,涉及规则的逻辑一致性、作用端口的有效性和规则库的正确性,一般的网络系统管理员难以胜任。

(3)不支持应用层协议,无法发现基于应用层的攻击,访问控制力度低。

(4)实施的是静态的、固定的控制,不能跟踪 TCP 状态。例如,配置了仅允许从内到外的 TCP 访问时,一些以 TCP 应答包的形式从外部对内部网络进行的攻击仍可以穿透防火墙。

(5)不支持用户认证,只能判断数据包来自哪台机器,不能判断来自哪个用户。

(三)设计访问控制列表的注意事项

包过滤防火墙基本以路由器的访问控制列表方式实现。设计访问控制列表时应注意以下几点:

(1)自上而下的处理过程。一般的访问控制列表的检测是按照自上而下的过程处理的,所以必须注意访问控制列表中的语句顺序。

(2)语句的位置。在设计访问控制列表时,应该将更为具体的表项放在不太具体的表项前面,保证其不会否定后面语句的作用。

(3)访问控制列表的位置。在设计访问控制列表时,将扩展的访问控制列表尽量靠近过滤源的位置,过滤规则不会影响其他接口上的数据流。

(4)注意访问控制列表作用的接口及数据的流向。

(5)注意路由器默认设置。有的路由器默认设置是允许,有的默认是拒绝,后者比前者更安全、更简便。

二、代理防火墙

(一)代理防火墙的工作原理

如果某单位允许访问外部网络的所有 Web 服务器,但是不允许访问 www.sina.com 站点,可以使用包过滤防火墙阻止目标 IP 地址是 sina 服务器的数据包。但是，如果 www.sina.com 站点某些服务器的 IP 地址改变了，该怎么办呢？

包过滤防火墙无法提供完善的数据保护措施，无法解决上述问题，对一些特殊的报文攻击，仅仅使用包过滤的方法并不能消除危害，因此需要一种更全面的防火墙技术。在这样的需求背景下，应用代理技术的防火墙诞生了。

代理服务器作为一个为用户保密或者突破访问限制的数据转发通道，在网络上应用广泛。一个完整的代理设备包含一个服务器端和客户端，服务器端接收来自用户的请求，调用自身的客户端模拟一个基于用户请求的连接到目标服务器，再把目标服务器返回的数据转发给用户，完成一次代理工作过程。

代理服务器通常运行在两个网络之间，是客户机和真实服务器之间的中介。代理服务器彻底隔断内部网络与外部网络的直接通信，内部网络的客户机对外部网络的服务器的访问，变成代理服务器对外部网络的服务器的访问，然后由代理服务器转发给内部网络的客户机。代理服务器对内部网络的客户机来说像是一台服务器，而对于外部网络的服务器来说又像是一台客户机。

如果在一台代理设备的服务器端和客户端之间连接一个过滤设施，就成了应用代理防火墙。这种防火墙实际上就是一台小型的带有数据检测、过滤功能的透明代理服务器，但它并不是单纯地在一个代理设备中嵌入包过滤技术，而是应用一种被称为应用协议分析的技术。代理防火墙也称为代理服务器、应用网关，工作在应用层，适用于某些特定的服务。

代理防火墙工作在 OSI 模型的应用层上，在这一层能接触到的所有数据都是最终形式。也就是说，防火墙看到的数据与最终用户看到的数据是一样的，而不是一个个带着地址端口协议等原始内容的数据包，因而可以实现更高级的数据检测过程。

应用协议分析模块根据应用层协议处理数据，通过预置的处理规则查询这个数据是否有危害。由于这一层面对的已经不再是组合有限的报文协议，而是可以识别 HTTP 头中的内容，如进行域名的过滤，甚至可以识别数据内容，所以防火墙不仅能根据数据层提供的信息判断数据，还能像管理员分析服务器日志那样分析内容，辨别危害。

比如，某单位允许访问外部网络的所有 Web 服务器，但是不允许访问

www.sina.com 站点，而 www.sina.com 站点服务器的 IP 地址有时候会改变。针对上述问题，可以使用代理防火墙在应用层过滤。阻止访问域名 www.sina.com 的数据包即可。不论 www.sina.com 站点服务器的 IP 地址怎么改变，都可以实现过滤。

(二)代理防火墙的特点

由于代理防火墙采取代理机制进行工作，内外部网络之间的通信都需要先经过代理服务器审核，通过后再由代理服务器连接，可以避免入侵者使用数据驱动攻击方式渗透到内部网络。可以说，在对数据包的检测能力方面，应用代理是比包过滤技术更完善的防火墙技术。

由于代理防火墙是基于代理技术的，通过防火墙的每个连接都必须建立在为之创建的代理程序进程上，而代理进程自身是要消耗一定时间的，更何况代理进程中还有一套复杂的协议分析机制在同时工作，于是数据在通过代理防火墙时，就会发生迟滞现象。代理防火墙以牺牲速度为代价换取了比包过滤防火墙更高的安全性能，在网络吞吐量不是很大的情况下，也许用户不会察觉到什么，然而到了数据交换频繁的时刻，用户就会发现代理防火墙成了整个网络的瓶颈。因此，代理防火墙的普及范围远远不及包过滤防火墙。就目前整个软件防火墙市场而言，单纯的代理防火墙应用比较少。

由于代理防火墙工作在应用层，针对不同的应用，需要建立不同的服务代理，以处理客户端的访问请求。同时，不同的应用客户端的设置也不同，对用户来说是不方便的，难以配置。

另外，防火墙的核心要求是预先内置一些已知应用程序的代理，使一些新出现的应用在代理防火墙内被无情地阻断，不能很好地支持新应用。

(三)代理服务器的分类

代理防火墙就是一台小型的带有数据检测、过滤功能的透明代理服务器，有时人们把代理防火墙称为代理服务器。

代理服务器工作在应用层，针对不同的应用协议，需要建立不同的服务代理。代理服务器按用途分类如下：

(1)HTTP 代理。代理客户机的 HTTP 访问，主要代理浏览器访问网页，端口一般为 80、8080、3128 等。

(2)FTP 代理。代理客户机上的 FTP 软件访问 FTP 服务器，端口一般为 21、2121。

(3)POP3 代理。代理客户机上的邮件软件用 POP3 方式收发邮件，端口一般为 110。

(4)Telnet 代理。能够代理通信机的 Telnet，用于远程控制，入侵时经常使用，端口一般为 23。

(5)SSL 代理。支持最高 128 位加密强度的 HTTP 代理，可以作为访问加密网站的代理。加密网站是以“https://”开始的网站。SSL 的标准端口为 443。

(6)HTTP CONNECT 代理。允许用户建立 TCP 连接到任何端口的代理服务器，这种代理不仅可用于 HTTP，还包括 FTP、RC、RM 流服务等。

(7)Socks 代理。全能代理，支持多种协议，包括 HTTP、FTP 请求及其他类型的请求，其标准端口为 1080。

(8) TUNNEL 代理。经 HTTP TUNNEL 程序转换的数据包封装成 HTTP 请求来穿透防火墙，允许利用 HTTP 服务器做任何 TCP 可以做的事情，功能相当于 Socks5。

除了上述常用的代理，还有各种各样的应用代理，如文献代理、教育网代理、跳板代理、Ssso 代理、Flat 代理、SoftE 代理等。

例如，代理防火墙阻止访问域名 www.sina.com 的数据包，如果客户端 IE 浏览器启用特殊的 HTTP 代理，代理防火墙还能阻挡 www.sina.com 服务器吗？

如果客户端浏览器启用特殊定制的 HTTP 代理，在客户端发出 HTTP 请求的时候，已经替换了“https://”头中的请求“www.sina.com”的内容，代理防火墙检测不到“www.sina.com”字段，不能实现过滤。当然，这个代理需要特殊定制，代理服务器知道这类客户端发出的请求是访问“www.sina.com”，就会帮助客户端下载“www.sina.com”的内容。

(四)Socks 代理

代理防火墙工作在应用层，针对不同的应用协议，需要建立不同的服务代理。如果有一个通用的代理，适用于多个协议，那就方便多了，这样便出现了

Socks 代理。

应用层通过传输层进行数据通信时，TCP 和 UDP 会遇到同时为多个应用程序进程提供并发服务的问题。多个 TCP 连接或多个应用程序进程可能需要通过同一个 TCP 协议端口传输数据。区分不同应用程序进程间的网络通信和连接，主要有三个参数，分别为通信的目的 IP 地址、使用的传输层协议（TCP 或 UDP）和使用的端口号，这三个参数称为套接字。基于一个套接字概念可开发许多函数，这类函数也称为 Socks 库函数。

Socks 是一种网络代理协议，是 David Koblas 在 20 世纪 90 年代开发的，此后一直作为 Internet RFC 标准的开放标准。Socks 协议的执行最具代表性的就是在 Socks 库中利用适当的封装程序对基于 TCP 的客户程序进行重封装和重链接。

Socks 代理与一般的应用层代理服务器是完全不同的。Socks 代理工作在应用层和传输层之间，旨在提供一种广义的代理服务，不关心是何种应用协议（如 FTP、HTTP 和 SMIP 请求），也不要求应用程序遵循特定的操作系统平台，不管出现什么新的应用都能提供代理服务。因此，Socks 代理比其他应用层代理要快得多。Socks 代理通常绑定在代理服务器的 1080 端口上。

Socks 代理的工作过程：当受保护网络客户机需要与外部网络交互信息时，首先和 Socks 防火墙上的 Socks 服务器建立一个 Socks 通道，在建立 Socks 通道的过程中可能有一个用户认证的过程，然后将请求通过这个通道发送给 Socks 服务器。Socks 服务器在收到客户请求后，检查客户的 User ID、IP 源地址和 IP 目的地址。经过确认后，Socks 服务器才向客户请求的 Internet 主机发出请求。得到相应数据后，Socks 服务器再通过原先建立的 Socks 通道将数据返回给客户。受保护网络用户访问外部网络所使用的 IP 地址，都是 Socks 防火墙的 IP 地址。

Socks 协议分 Socks4 和 Socks5 两种类型，其中，Socks4 只支持 TCP，而 Socks5 除支持 TCP/UDP 外，还支持各种身份验证机制等协议。

三、状态检测防火墙

包过滤防火墙无法阻止某些精心构造了标志位的攻击数据包，而采用状态检测防火墙技术可以避免这样的问题。

状态检测防火墙技术是基于包过滤原理的动态包过滤技术发展而来的。这种防火墙技术通过状态监视模块，在不影响网络安全正常工作的前提下，采用抽取相关数据的方法，对网络通信的各个层次实行监测，并根据各种过滤规则做出安全决策。

状态检测防火墙仍然在网络层实现数据的转发，过滤模块仍然检查网络层、传输层内容，为了克服包过滤模式明显的安全性不足的问题，不再只是分别对每个进出的数据包孤立地进行检查，而是从 TCP 连接的建立到终止都跟踪检测，把一个会话作为整体来检查，并且根据需要动态地增加或减少过滤规则。会话过滤功能是在连接建立时，防火墙为这个连接构造一个会话状态，里面包含这个连接数据包的所有信息，以后的连接都是基于这个状态信息进行的。这种检测的高明之处是，能够对每个数据包的状态进行监视，一旦建立了一个会话状态，则此后的数据传输都要以此会话状态作为依据。

无论何时，一个防火墙接收到一个初始化 TCP 连接的 SYN 包，则这个带有 SYN 的数据包就要被防火墙的规则库检查。如果在检查了所有的规则后，该数据包都没有被接受，则拒绝这次连接。一个 RST 的数据包发送到远端的机器，如果该数据包被接受，那么本次会话被记录到状态监测表里。这时需要设置一个时间溢出值，如将其值设定为 60 s。然后，防火墙期待一个返回的确认连接的数据包，对于返回的连接请求的数据包的类型需要做出判断，确认其含有 SYN/ACK 标志。当接收到此包时，防火墙将连接时间的溢出值设定为 3 600 s(可以自定义)。随后的数据包(不是只带一个 SYN 标志)与该状态监测表的内容进行比较。如果会话在状态表内，而且该数据包是会话的一部分，该数据包被接受；如果不是会话的一部分，该数据包被丢弃。

状态监测表是位于内核模式中的，这种方式提高了系统的性能，因为每一个数据包不是和规则库比较，而是和状态监测表比较，只有在 SYN 的数据包到来时才和规则库比较。所有的数据包与状态检测表的比较都在内核模式下进行，所以速度很快。

结束连接时，当状态监测模块监测到一个 FIN 或一个 RST 包的时候，减少时间溢出值，从默认设定值 3 600 s 减少到 50 s。如果在这个周期内没有数据包交换，这个状态检测表项将会被删除；如果有数据包交换，这个周期会被重新设置到 50 s。如果继续通信，这个连接状态会继续以 50 s 的周期维持下去。这种设计方式可以避免一些 DoS 攻击。状态检测防火墙实现了基于 UDP 应用的安全，通过在 UDP 通信之上保持一个虚拟连接来实现。防火墙保存通过网关的每一个连接的状态信息，允许穿过防火墙的 UDP 请求包被记录。当 UDP 包在相反方向上通过时，依据连接状态表确定该 UDP 包是否被授权。若已被授权，则通过；否则拒绝。如果在指定的一段时间内，响应数据包没有到达，连接超时，则该连接被阻塞，这样所有的攻击都被阻塞。状态检测防火墙可以控制无效连接的连接时间，避免大量的无效连接占用过多的网络资源，可以很好地降低 DoS 和 DDoS 攻击的风险。

包过滤防火墙得以正常工作的一切依据都在于过滤规则的实施，但它又不能满足建立精细规则的要求，并不能分析高级协议中的数据。代理防火墙的每个连接都必须建立在为之创建的一套复杂的协议分析机制的代理程序进程上，这会导致数据延迟的现象。

状态检测防火墙虽然继承了包过滤防火墙的优点，克服了它的缺点，但状态检测防火墙仍只是检测数据包的第三层和第四层信息，无法彻底地识别数据包中大量的垃圾邮件、广告及木马程序等。

包过滤防火墙、代理防火墙及状态检测防火墙都有无法克服的缺陷，不能满足用户对于安全性不断提高的要求，于是复合型防火墙被提出来。

四、复合型防火墙

复合型防火墙采用自适应代理技术，该技术结合了代理防火墙的安全性和状态检测防火墙的高速度等优点，实现第三层至第七层自适应的数据过滤，在毫不损失安全性的基础上，将代理防火墙的性能提高 10 倍以上。

自适应代理技术的基本要素有两个：自适应代理服务器与状态检测包过滤器。初始的安全检查仍然发生在应用层，一旦安全通道建立后，随后的数据包就可以重新定向到网络层。在安全性方面，复合型防火墙与标准代理防火墙是完全一样的，同时，提高了其处理速度。自适应代理技术可根据用户定义的安全规则，动态适应传送中的数据流量。当安全要求较高时，安全检查仍在应用层中进行，保证实现传统防火墙的最大安全性，而一旦可信任身份得到认证，其后的数据便可直接通过速度快得多的网络层。

五、下一代防火墙

应用特征库已经收录了几千种互联网应用，还包括多种移动互联网应用。不断增长的带宽需求和新应用架构正在改变协议的使用方式和数据的传输方式。不断变化的业务流程、企业部署的技术，正推动对网络安全性的新需求，使得攻击变得越来越复杂，必须更新网络防火墙才能够更主动地阻止新威胁。因此，下一代防火墙应运而生。

下一代防火墙除了拥有前述防火墙的所有防护功能外，借助全新的高性能单路径异构并行处理引擎，在互联网出口、数据中心边界、应用服务前端等场景提供高效的应用层一体化安全防护，还可以识别网络流量中的应用和用户信息，实现用户和应用级别的访问控制；能够识别不同应用所包含的内容信息中的威胁和风险，防御应用层威胁；可识别和控制移动应用，防止携带自己的设备办公(BYOD)带来的风险，并能通过主动防御技术识别未知威胁。下一代防火墙对报文采取单次解析、单次匹配，避免由于多模块叠加对报文进行多次拆包、多次解析的问题，有效地提升了应用层效率。下一代防火墙在计算上采用先进的并行处理技术，硬件采用了多核的架构，大大提高了设备的处理能力。

下一代防火墙基于应用的深度入侵防御采用多种威胁检测机制，防止缓冲区溢出攻击、利用漏洞的攻击、协议异常、蠕虫、木马、后门、DoS/DDoS 攻击探测、扫描、间谍软件及 IPS 逃逸攻击等，全面增强了应用安全防护能力。

第三节　防火墙的应用

一、瑞星个人防火墙的应用

个人防火墙安装在个人用户的计算机系统上，用于保护个人计算机系统，在不妨碍用户正常上网的同时，能够阻止网上的其他用户对计算机系统进行非法访问。个人防火墙有很多品牌，如瑞星、金山网镖、卡巴斯基等。不同品牌的防火墙功能大致相同，下面以瑞星个人防火墙 16 版(以下简称瑞星 V16)为例进行介绍。

瑞星 V16 针对目前流行的黑客攻击、钓鱼网站等做了针对性的优化，采用未知木马识别、家长保护、反网络钓鱼、多账号管理、上网保护、模块检查、可疑文件定位、网络可信区域设置、IP 攻击追踪等技术，帮助用户有效抵御黑客攻击、网络诈骗等安全风险，还增加了更智能的 ARP 防御功能。另外，瑞星 V16 新增防端口扫描功能，该功能引入新的网络数据包智能判断，拦截黑客和蠕虫的端口扫描行为，将攻击行为消除在准备状态。

(一)瑞星 V16 主界面

瑞星 V16 的主界面包含产品名称、菜单栏及升级信息等，对防火墙所做的操作与设置都可以通过主界面来实现。

在主界面上，可以看到网络状态，在下方的活动进程中显示了当前的网络流量。

(二)防火墙规则

瑞星 V16 的规则库包括联网程序规则和 IP 规则。这两个规则库要设置优先级别，默认是联网程序规则优先。

基于主机的防火墙可以基于应用进程设置访问规则。这样的规则设置方式对于一些多通道的协议非常方便，如 FTP 协议。如果只放开 21 端口不够，而且数据通道的端口比较难控制，通过联网程序规则就简单多了。

客户端 IP 为 10.3.40.159，服务器端 IP 为 10.3.40.59，FTP 登录可以通过文件传输立即阻止，并记录到日志中。

瑞星 V16 有些内置的规则库。以阻止使用远程桌面为例，可以指定联网程序规则阻止进程，也可以指定 IP 规则。IP 规则基于包过滤的原理，过滤的内容包括数据包方向，源、目 IP 地址，源、目端口号，协议类型，标志位及动作。

（三）安全上网设置

瑞星 V16 针对网络防护的设置包括阻止对外攻击、ARP 欺骗防御、拦截网络入侵等。

瑞星 V16 可以阻止对外攻击，防止主机成为被黑客利用的僵尸主机，可以对本地与外部连接所收发的 SYN、ICMP、UDP 报文进行检测。一旦瑞星 V16 检测到电脑被黑客控制，就会通过某个程序对外发起 DoS 攻击，信息会被拦截。

在防黑客设置中的"ARP 欺骗防御"选项中可以勾选"禁止本机对外发送虚假 ARP 数据包"等，同时可以绑定网关的 MAC 地址，做到自身的防护。

瑞星 V16 的拦截网络入侵攻击是一种积极主动的安全防护技术，可在不影响网络性能、网络速度的情况下，对网络进行对外攻击拦截信息检测，同时在发觉计算机系统遭到威胁时，通过防火墙功能，拦截相应的威胁，包括黑客攻击、病毒攻击、木马攻击、后门、溢出、浏览器漏洞和"肉鸡"攻击等。

（四）小工具的应用

瑞星 V16 提供了一些网络管理的小工具。这些小工具对主机的安全管理非常实用。其中，网络查看器能实时查看网络状况的详细信息，看到打开某端口的进程的具体路径。

二、代理服务器的应用

CCProxy 是国内最流行的、下载量最大的国产代理服务器软件，主要用于局域网内共享 Modem 代理上网、ADSL 代理共享、宽带代理共享、专线代理共享、ISDN 代理共享、卫星代理共享和二级代理等共享代理上网。

CCProxy 除了有共享上网的功能外，还有一些特色功能，可以帮助用户解决很多工作中的实际问题：

第一，支持域名、内容过滤功能。

第二，支持严格的用户身份管理功能，可以用 IP 地址、MAC 地址、用户名密码方式来管理用户，以及使用多种验证方式的任意组合。

第三，支持用户带宽限制功能，可以有效地限制客户端的上网速度。

第四，支持局域网邮件杀毒功能，结合杀毒软件，可以对所有通过代理服务器收发的邮件进行杀毒处理。

第五，支持远程 Web 账号管理功能，管理员通过此功能，可以在任一计算机上进行账号管理。网页缓冲功能还能提高低速网络的网页浏览速度。

（一）安装服务器

CCProxy 的安装非常简单，运行下载的 ccproxysetup.exe 就可以逐步进行安装。安装完成后，桌面上出现一个 CCProxy 的绿色图标，双击即可启动 CCProxy。

（二）设置服务器端口参数

对服务器代理端口等参数进行设置，可以实现代理浏览网页、代理收发电子邮件、代理 QQ 通信等。

（三）建立账户

CCProxy 在实现共享代理上网的同时，还提供了强大的代理上网权限管理功能。要实现其功能首先要建立账户。

（四）设置服务器端控制方式

控制局域网用户的代理上网权限有多种方式，如 IP 地址、IP 段、MAC 地址、用户名/密码、IP＋用户名/密码、MAC＋用户名/密码、IP＋MAC。CCProxy 权限管理选择的是用户名/密码的形式，CCProxy 能够使管理员用自动扫描方式获取局域网内所有客户端机器的 IP 地址、MAC 地址和机器名，然后自动添加所有账号，为局域网内的 MAC 过滤提供便利。

（五）客户端设置

以 IE 浏览器为例说明代理服务器的使用，以及设置浏览器代理方法。使用菜单命令“工具→Internet 选项→局域网设置”，打开局域网设置对话框，选中

“使用代理服务器”复选项。

单击“高级”按钮，根据服务器端的参数进行设置。设置好IE浏览器代理参数后，使用IE浏览器时，需要认证信息。

(六)设置网站过滤

在“账号管理”对话框中建立网站过滤名。多个过滤中间用分号隔开，站点名称支持通配符。可以选中“禁止连接”复选项并输入内容，如“.exe”，则客户端不能下载该类型文件。注意：这样设定以后，凡是邮件内容中有上述类型的文件都会被控制而不能下载。可以选中“禁止内容”复选项并输入关键词，如“飞机”，则客户端在上网时，凡是含有该类词语作为关键字的网页都将被屏蔽而不能显示。

当过滤内容太多时，可以把过滤的内容保存为“ *.txt”文件，过滤功能支持文件模式，可以在每行输入一个过滤项，也可以用分号分割，然后在网站过滤时选择过滤的“ *.txt”文件。

在“账号”对话框中建立新用户或编辑某用户，然后选择某网站过滤名即可。

(七)端口映射

互联网上的攻击方式层出不穷，Web服务器是最大的攻击目标。CCProxy的端口映射功能可以保护Web服务器。端口映射表示CCProxy服务器对客户端开放了一个端口，当客户端连接CCProxy服务器的该端口时，会自动映射到目标地址。

注意：做多个映射时，本地端口不能冲突，不能重复。

设置好后，在做域名解析的时候，只要把域名解析到装有CCProxy的机器上就行了。当有人通过域名访问网站时，首先连接到这个装有CCProxy的机器，再由它把访问请求通过端口映射功能转到真正的服务器，从而实现保护Web服务器的目的。

(八)CCProxy账号的使用期限设置方法

CCProxy可以对账号属性进行编辑，可选中“使用到期时间”复选项，输入到期时间，并单击“保存”按钮。

(九)CCProxy 账号的日志监控

CCProxy 的日志监控功能必须与“高级”设置中“日志”选项卡配合使用。

在 CCProxy 主界面中单击回车按钮,就可以打开当前连接信息界面。这里记录了当前所有客户端通过代理使用网络的情况,还显示了当前共有多少个用户在使用代理。

这里的记录是不分账号和 IP 的,所有客户端的连接日志全部按时间先后列出来。如果想着重了解某个账号或某个 IP 的连接情况,可以单击“账号”或“IP”标签,打开相应的日志。

第四节　防火墙产品

一、防火墙的主要参数

(一)硬件参数

硬件参数是指设备使用的处理器类型或芯片,以及主频、内存容量、闪存容量、网络接口数量、网络接口类型等。

(二)并发连接数

并发连接数是衡量防火墙性能的一个重要指标,是指防火墙或代理服务器对其业务信息流的处理能力,是防火墙能够同时处理的点对点连接的最大数目,反映出防火墙设备对多个连接的访问控制能力和连接状态跟踪能力。并发连接数直接影响到防火墙所能支持的最大信息点数。

例如,以每个用户需要 15 个并发连接来计算,一个小型企业网络(1 000 个信息点以下,容纳 4 个 C 类地址空间)大概需要 15×1 000=15 000 个并发连接,因此,支持 2 000 000 最大并发连接的防火墙设备可以满足需求。

并发连接数的大小与 CPU 的处理能力和内存的大小有关。

(三)吞吐量

网络中的数据是由一个个数据包组成的,防火墙对每个数据包的处理要耗费资源。吞吐量是指在没有帧丢失的情况下，设备能够接收的最大速率。

防火墙作为内外网之间的唯一数据通道，如果吞吐量太小，就会成为网络瓶颈，给整个网络的传输效率带来负面影响。因此，考查防火墙的吞吐能力有助于更好地评价其性能表现。吞吐量和报文转发率是关系到防火墙应用的主要指标，一般采用全双工吞吐量（FDT）来衡量，是指 64 字节数据包的全双工吞吐量。该指标既包括吞吐量指标，也涵盖了报文转发率指标。

吞吐量的大小主要由防火墙内网卡以及程序算法的效率决定。

（四）安全过滤带宽

安全过滤带宽是指防火墙在某种加密算法标准，如 DES（56 位）或 3DES（168 位）下的整体过滤性能。安全过滤带宽是相对于明文带宽提出的。一般来说，防火墙总的吞吐量越大，对应的安全过滤带宽越高。

（五）用户数限制

用户数限制分为固定限制用户数和无用户数限制两种。固定限制用户数，如 SOHO 型防火墙，一般支持几十到几百个用户。无用户数限制大多用于大的部门或公司。值得注意的是，用户数和并发连接数是完全不同的两个概念，并发连接数是指防火墙的最大会话数据（或进程），每个用户可以在一个时间里产生很多连接。

（六）VPN 功能

目前，绝大部分防火墙产品都支持 VPN 功能。VPN 的参数包括建立 VPN 通道的协议类型、可以在 VPN 中使用的协议、支持的 VPN 加密算法、密钥交换方式、支持的 VPN 客户端数量。

除了这些主要的参数，防火墙还有很多其他参数，如防御功能、是否支持病毒扫描、防御的攻击类型、NAT 功能、管理功能等。

二、选购防火墙的注意事项

防火墙是目前使用最为广泛的网络安全产品之一，用户在选购时应该注意以下几点。

（一）防火墙自身的安全性

防火墙自身的安全性主要体现在自身设计和管理两个方面。设计的安全性关键在于操作系统，只有自身具有完整信任关系的操作系统，才可以谈论系统的安全性。应用系统的安全是以操作系统的安全为基础的，同时，防火墙自身的安全也直接影响整体系统的安全性。

（二）系统的稳定性

防火墙的稳定性可以通过以下方法判断：从权威的测评认证机构获得，实际调查，自己试用，厂商实力，等等。稳定性是防火墙的一个重要指标，直接体现了防火墙的可用性。如果由于使用防火墙而带来了网络性能较大幅度的下降，就意味着安全代价过高。

（三）可靠性

可靠性对防火墙类访问控制设备来说尤为重要，直接影响受控网络的可用性。从系统设计上来说，提高可靠性的措施一般是提高部件的强健性、增大设计阈值和增加冗余部件。这要求防火墙有较高的生产标准和设计冗余度。

（四）是否管理方便

网络技术发展很快，各种安全事件不断出现，这就需要安全管理员经常调整网络安全策略。对于防火墙类访问控制设备，除基本的安全访问控制策略的不断调整外，业务系统访问控制的调整也很频繁，这些都要求防火墙在充分考虑安全需要的前提下，提供方便灵活的管理方式和方法。

（五）是否可以抵抗拒绝服务攻击

在当前的网络攻击中，拒绝服务攻击是使用频率最高的攻击。抵抗拒绝服务攻击应该是防火墙的基本功能之一。很多防火墙可以降低拒绝服务攻击的危害，但不能完全抵御这种攻击。

（六）是否可扩展、可升级

用户的网络不是一成不变的，防火墙也必须不断地进行升级。如果不支持软件升级，为了抵御新的攻击手段，用户就必须进行硬件上的更换，而在更换期间，网络是不设防的。同时，用户也要为此花费更多。

第四章

入侵检测技术

第一节 入侵检测系统概述

一、基本概念

(一)入侵的定义

随着互联网的发展,计算机网络安全问题越来越受到人们的重视。互联网的连通性与开放性给资源共享、通信、社交、网上贸易等各个方面都带来了很大的便利,但用户在享受互联网带来的便利的同时,不得不防止垃圾信息、恶意信息的入侵。

入侵就是指在没有取得授权的条件下,试图存取信息、处理信息或破坏系统,以造成系统数据丢失和破坏,甚至造成系统拒绝对合法用户服务的故意行为。

网络入侵通常是指利用编写和调试计算机程序的方式,侵入组织内部网络,对系统资源进行非授权的操作。例如,对数据进行篡改,在没有授权的条件下对文件进行调用,等等。以前对计算机的非授权访问称为“破解”,而那些熟练利用系统软件、应用软件设计上的不足与缺陷或系统中安全策略规范设计与实现上的不足与缺陷,对计算机进行入侵的高手,被称为“黑客”。随着个人计算机及网络的出现,“黑客”变成一个贬义词,通常是指那些非法入侵他人计算机的人。

(二)入侵检测的概念

入侵是指系统内部发生的任何违反安全策略的事件,包括对系统的非授权访问、授权用户超越其权限的访问、合法用户的非法访问、恶意程序的攻击及对系统配置信息和安全漏洞的探测等几种类型。

入侵检测可以简单地概括成检测并响应针对计算机系统或网络的入侵行为。入侵检测分为针对系统的非法访问与越权访问的检测,以及对系统运行全过程的监视,以便于找出各式各样的攻击企图、攻击行为或者攻击结果。入侵检测还有针对计算机系统或网络的恶意试探的检测。检测是对以上诸多入侵行为的判定,能够通过在计算机系统或网络的关键位置处采集数据与分析来完成。因此,入侵检测可以看成是对企图入侵、正在进行的入侵或者已经发生的入侵进行识别的一系列过程。

二、入侵检测系统的模型

入侵检测系统的模型有多种,其中最有影响的是以下几种:

(一)Denning 入侵检测模型

Denning 模型将收集到的用于保护主机运行的关键组件的审计记录送到规则集处理引擎,规则集处理引擎调用活动简档,并从异常记录中提取规则对审计记录进行全面分析,判断是否存在入侵行为。如果存在入侵行为,Denning 模型会采取相应措施。触发执行审计记录后的规则会对异常记录与活动简档进行更新。Denning 模型适用于主体检测,不能检测防火墙、系统漏洞的攻击。

(二)面向数据处理的检测模型

审计功能模块用来收集被监控系统的审计记录,收集的内容包括应用程序日志、安全日志、操作系统日志等用来监视和分析主机是否存在入侵行为的日志文件。审计日志经过数据集成、数据清理、数据变换、数据精简、数据融合等数据预处理功能,将海量审计数据转换为符合系统要求的数据,将经过处理与初步分析的数据送入检测器。检测器从规则库中提取相关的规则对数据进行分析、检测。如果确定其是入侵行为,检测器就会发出警告信息,并把检测结果上报给入侵检测系统控制器。入侵检测系统控制器会做出相应的响应，如漏洞扫描、签名更新、入侵的追踪及诱骗等。

(三)基于系统行为分类的检测模型

入侵检测的过程就是判定一个行为是不是入侵行为，也就是判定一个行为是正常行为还是非正常行为，于是把系统的行为分成了两类。

分类构造的基本过程：收集足够多的关于系统行为活动的审计数据，将这些正常的、不正常的审计数据作为已知样本。利用已知样本对分类器进行训练，通过调整分类器的参数来提高其分类能力。当分类器的参数确定后，分类器便构造成功，接下来就可以用此分类器对新的审计数据即未知的样本进行分类，判断它是正常行为还是入侵行为。

程序执行有一定的顺序，其功能也各不相同。对于不同的程序执行器，系统调用序列集合之间必然存在不同的系统调用子序列，由此可以达到区分不同程序的目的。为此，可以利用系统关键程序执行器中长度为 k 的系统调用序列集来构造该程序正常执行的特征轮廓，且把系统中被监控的所有关键程序的正常执行特征轮廓(同一长度的系统调用子序列集)的并集(记为 S)作为系统的正常执行特征轮廓。

设 A 为被监控系统的系统调用集合。系统行为模式空间 U 定义为某一固定长度 k 的系统调用序列的全集 $U=\{p=s_1,s_2,\cdots,s_k \mid s_i\in A,i=1,2,\cdots,k\}$，式中 p 被称为长度为 k 的系统行为模式。

确定系统调用序列的长度 k 时必须注意：如果 k 比较小，那么系统正常执行特征轮廓的集合 S 就有可能满足 $S=U$，这时 U 中的系统调用序列都是程序正常执行时的某个子序列，因而无法判定程序的执行是否正常。因为程序是完成一定功能的，所以当 k 大于某一长度时，U 中就会出现不在 S 中的系统调用子序列。记 $N=U-S$，集合 N 表示在系统程序中不会出现的系统调用子序列。

三、通用入侵检测框架(CIDF)

一般情况下，常选用具有一个管理者与若干代理的模式组成入侵检测系统。

管理者能够对代理发送查询请求，代理能够向管理者汇报网络中主机传输信息的情况，代理与管理者之间可以实现直接通信。

(一)入侵检测系统体系结构

1.组件的构成

CIDF 按照功能将入侵检测系统分为四个组件，不同的组件之间采用 GIDO 格式进行数据交换。

(1)事件产生器

信息收集是入侵检测系统进行入侵检测的第一步。事件产生器对计算机网络各个关键点的信息进行收集，收集的内容包括应用程序日志、安全日志、操作系统日志等用来监视和分析主机是否存在入侵行为的日志文件，用来监视和分析网络是否存在可疑行为的网络数据包，漏洞扫描探测器、防火墙探测器等用来监视和分析相应安全部件是否存在可疑行为的报警信息。事件产生器所收集的信息的完整性、正确性直接关系到整个系统入侵检测的准确性。

(2)事件分析器

事件产生器收集到的信息经过数据预处理删除掉海量审计数据中对入侵检测无用的信息，符合系统要求的信息会被传送到事件分析器，由事件分析器对其进行分析，判断是否存在入侵行为。如果存在入侵行为，判断其是什么类型的入侵行为。如果事件分析器发现事件产生器产生的事件规则与数据库中收集到的入侵检测规则一致，则可以判断此事件是入侵事件。事件产生器产生的事件规则与统计分析中的规则不一致，则首先可以判定该事件是可疑事件，需要对该事件进行进一步分析，再判断该事件是否为入侵事件。事件分析器还可以分析不同事件之间的逻辑关系，将具有相同属性的事件联系到一起，减少下一步分析的信息量，提高工作效率。

(3)响应单元

如果事件分析器能够判定事件产生器产生的事件是入侵事件，就会把结果上报给响应单元，响应单元会根据入侵事件的类型灵活地采取相应的措施。它可能只是简单地警报，通知系统安全管理人员解决问题；可能是对路由器和防火墙进行重新配置；也可能是对文件的属性进行更改。

(4)事件数据库

事件分析器不能确定是否为入侵行为的事件等各种中间数据以及已经收集到的各种入侵事件的规则等最终数据都会存放在事件数据库中。考虑到事件数据库中数据的庞大性和复杂性，入侵检测系统中的事件数据库通常会使用成熟的数据库产品。事件数据库能够充分发挥数据库的长处，方便其他系统模块对数据进行添加、删除、访问、排序和分类等操作。

2.组件通信的三层模型

CIDF 将各组件之间的通信划分为三个层次结构：GIDO 层、消息层和协商传输层。

(二)CIDF 的通信机制

CIDF 的通信机制主要是消息的封装和传递，主要包括四个方面：配对服务、路由、消息层和消息层处理。

(三)CIDF 的语言

CIDF 的总体目标是实现软件的复用和入侵检测与响应(IDR)组件之间的互操作性。IDR 组件基础结构必须是安全、健壮、可伸缩的。CIDF 的工作重点是定义一种应用层的语言——通用入侵规范语言，用该语言来描述 IDR 组件之间传送的信息，并制定一套对这些信息进行编码的协议。通用入侵规范语言可以表示 CIDF 中的各种信息

四、入侵检测系统的抗攻击技术

(一)入侵响应技术

入侵响应就是当入侵检测系统检测到入侵、攻击等情况时，采取适当的措施阻止入侵和攻击。

主动入侵响应包括隔离入侵者 IP、禁用被攻击对象的特定端口和服务、隔离被攻击对象、告警被攻击者、跟踪攻击者、断开危险连接、攻击攻击者等。

(二)入侵跟踪技术

在局域网中可以使用“广播式”的信息发送方式，它不指定收信端，而是把与

此网络连接的所有设备都看作收信对象，但其仅能够在局域网上实现，因为局域网上的主机不多。对于互联网来说，有发信端和收信端，用以标志信息的发送者和接收者，除非对方使用一些特殊的封装方式或使用防火墙进行对外连接，只要有人和你的主机进行通信，就知道对方的地址或防火墙地址，所以可以采用相应的技术跟踪入侵者。如果要跟踪入侵者，就需要了解互联网的各种协议。跟踪入侵者需要掌握入侵者所在的地址和相关信息：

（1）媒体访问控制地址（MAC）。由生产厂家设定的硬件地址。

（2）IP 地址。互联网地址，如 185.127.185.152。

（3）域名。IP 地址的名字化形式，如 www.cia.gov。

（4）应用程序地址。代表特定应用服务程序，如电子邮件、网页浏览等。例如，URL 就是被普遍使用的包含特定应用程序的地址信息的网络地址形式。

（三）入侵防护系统

入侵检测系统通过网络数据包分析、监视、检测和识别系统中未授权对象或异常现象。其注重的是网络监控、审核跟踪，在发现异常时只报告，不能防范，只能通过与防火墙等安全设备联动的方式进行防护。入侵检测系统存在严重缺陷：一是网络缺陷；二是误报量大，报警不断。

入侵防护系统可以对全部数据包仔细检查，实时确定许可或禁止访问。入侵防护系统相当于防火墙与入侵检测系统的结合，但其并不能代替防火墙或入侵检测系统。防火墙基于 TCP/IP 协议的过滤功能较突出，入侵检测系统提供的全面审计资料对于攻击还原、入侵取证、异常事件识别、网络故障排除等都有很重要的效能。

（四）蜜罐技术

蜜罐是一种被侦听、被攻击或已经被入侵的资源，即不论怎样对蜜罐进行配置，整个系统都将处于被侦听、被攻击的状态。蜜罐只是一种工具，不会“修改”任何错误，所以不是一种安全解决方案。这个工具的使用目的取决于使用者的设置，可以对其他系统和应用仿真，创建一个监禁环境，将攻击者围困，只有当其受到攻击时才能发挥功能。为了吸引攻击者攻击，最好设置成域名服务器 DNS、Web 或电子邮件转发服务等流行应用。

蜜罐的分类：

(1)按照部署目的,分为产品型蜜罐和研究型蜜罐。

(2)根据交互程度,分为低交互蜜罐和高交互蜜罐。交互程度反映了黑客在蜜罐上进行攻击活动的自由度。

(3)根据工作方式,分为牺牲型蜜罐和外观型蜜罐。牺牲型蜜罐就是一台简单的为某种特定攻击设计的主机,放置在易受攻击服务器或路由器上,假扮为攻击的受害者,为攻击者提供了极好的攻击目标。外观型蜜罐是一个呈现目标主机的虚假映像的系统,通常作为目标服务或应用的仿真软件进行各项工作。当外观型蜜罐受到侦听或攻击时,它会迅速收集入侵者的信息。有些外观型蜜罐只提供部分应用,而有些则通过仿真提供目标的网络层服务,其性能取决于它能够仿真的系统和应用以及它的配置与管理。

蜜罐有四种不同的配置方式:诱骗服务、弱化系统、强化系统和用户模式服务。

第二节　基于主机的入侵检测技术

一、基于主机的入侵检测系统

基于主机的入侵检测系统适合于检测那些利用操作系统审计迹、系统日志和其他应用程序运行特征采取的攻击手段,如利用后门进行的攻击等。基于主机的入侵检测系统的优点是:通过日志记录,能够发现一个攻击的成功与失败;能够更加精确地监视主机系统中的各种活动,如对敏感文件、目录、程序或端口的存取;非常适用于加密和交换环境;不需要额外的硬件;能迅速并准确地定位入侵者并可以结合操作系统和应用程序的行为特征对入侵进行分析。基于主机的入侵检测系统存在的问题是:依赖于特定的操作系统和审计跟踪日志,系统的实现主要针对某种特定的系统平台,可扩展性、可移植性较差;如果入侵者修改系统核心,则可以骗过基于主机的入侵检测系统;不能通过分析主机的审计记录来检测网络攻击。

二、获取审计数据

基于主机的入侵检测系统通过监视与分析主机的审计日志检测入侵。审计迹是系统活动信息的集合，它可以把系统活动的所有信息都记录下来，为分析和检查提供依据。日志包括操作系统日志、安全日志、应用程序日志等，是使系统顺利运行的重要保障。日志会记录创建、删除、修改系统文件事件，应用程序崩溃事件，无效的注册事件，等等，日志反映的是系统发生的一切。由于日志记录增加得太快，系统管理员往往会觉得无从下手，忽视了日志的作用。

（一）获取 Windows 的审计数据

Windows XP 中的日志文件类型比较多，如应用程序日志、安全日志、系统日志、DNS 服务器日志、FTP 日志、WWW 日志等，都存放在“C:\WINDOWS”目录下，均以“.log”为文件扩展名，其中最重要的一个文件名为“pfirewall.log”。

在 Windows XP 操作系统中有 Internet 连接防火墙（ICF）。它的日志可以分为两类：一类是 ICF 审核通过的 IP 数据包，另一类是 ICF 抛弃的 IP 数据包。ICF 日志一般位于“C:\WINDOWS”目录下，文件名是“pfirewall.log”。其文件格式符合 W3C 扩展日志文件格式，由两部分组成，分别是文件头（Head Information）和文件主体（Body Information）。Head Information 主要是关于“pfirewall.log”这个文件的说明。用户可以对 Windows XP 防火墙日志文件进行设置：单击“开始”→“控制面板”，在“控制面板”窗口中双击“Windows 防火墙”图标，在“Windows 防火墙”对话框中单击“高级”选项卡，在“安全日志记录”选项区域单击“设置”按钮，在打开的“日志设置”对话框中进行 Windows XP 防火墙日志设置。设置完毕后，可以在“C:\WINDOWS”目录下打开“pfirewall.log”文件。

（二）获取 UNIX 的审计数据

UNIX 采用 Syslog 工具来实现日志功能。如果配置正确的话，主机上所发生的失败或成功的登录事件、记录不良登录企图的登录文件等都会被一一记录下来。

目前很多日志系统采用 Syslog 实现日志功能，Syslog 在许多保护措施中得到应用。任何程序都可以通过 Syslog 记录事件。Syslog 不但可以记录本机上运行的进程所产生的消息，还能接收其他主机通过用户数据报协议（UDP）产生的消息，并把它们一一记录下来。

一条典型的 Syslog 记录包括生成程序的名称和一条文本信息，还包括一个设备和一个行为级别(但不在日志中出现)。

设备、行为级别及记录行为示例分别如表 4—1、表 4—2 和表 4—3 所示。

表 4—1 设备

设备	描述
auth	认证系统 login、su、getty 等，询问用户名和口令
authpriv	同 LOG_AUTH，但只登录到所选择的单个用户可读的文件中
cron	cron 守护进程
daemon	其他系统守护进程
kern	内核产生的消息
lpr	打印机系统
mail	电子邮件系统
news	网络新闻系统
syslog	由 syslog 产生的内部消息
user	随机用户进程产生的消息
uucp	UUCP 子系统
local0～local7	为本地使用保留

表 4—2 行为级别

行为级别	描述
debug	包含调试的信息，通常在调试一个程序时使用
info	信息
notice	不是错误情况，但是可能需要处理
warn(warning)	警报信息
err(error)	错误信息
crlt	重要情况，如硬盘错误
alert	应该被立即改正的问题，如系统数据库破坏
emerg(panic)	紧急情况

表 4—3　记录行为示例

记录行为	描述
/dev/console	发送消息到控制台
/var/adm/messages	把消息写到文件/var/adm/messages
@ loghost	把消息发到其他的日志记录服务器
Fred,user1	传送消息给用户
*	传送消息给所有的在线用户

logger 命令为 Syslog 系统日志文件提供一个 shell 命令接口，使用户能创建日志文件中的条目。

三、审计数据的预处理

由于数据库极易受噪声数据、空缺数据和不一致性数据的侵扰，系统提供的原始数据中可能存在大量的无用信息，需要通过数据预处理技术将系统提供的原始数据中的无意义的信息删除，减少数据分析的规模，提高工作效率，将有用的信息进行分类、转换，使其符合系统的需求，以便于下一步的顺利进行。

(一)预处理功能

1.数据集成

数据集成是将来自各个探测器收集的计算机网络不同关键点的原始数据进行合并、处理，解决数据冲突、数据冗余、数据概念模糊不清等问题，将其规范化，使其符合系统的需求。

2.数据清洗

数据清洗就是除去数据源集中大量不相关的、重复性的、概念模糊的、无意义的数据，并完成一些数据类型的转换。

3.数据变换

数据变换主要是寻找数据的特征表示，根据数据属性值的量纲与语义层次结构进行合并归一化处理，精简分析数据，提高计算效率与检测的效能。

4.数据简化

数据简化是在对检测机制或数据本身内容理解的基础上，如果判定信息是无用的，则直接丢掉；如果判定信息是攻击数据，则直接上报给控制管理模块。控制管理模块会采取相应的措施；如果不能判定信息是正常的还是不正常的，则需要将其上报给数据分析模块，由数据分析模块对其进行分析，以尽可能地减小数据分析的规模，提高系统工作效率。

5.数据融合

数据融合是对一个系统的来自不同探测器的具有相似或不同特征模式的多源检测信息，采用多种分析、检测机制进行互补集成，从而获得当前系统状态的准确判断，在此基础上对系统的未来状态进行预测，为采取适当的系统策略提供保障。

（二）预处理方法

粗糙集理论是指以不完整性和不确定性的数学工具去有效地分析和处理不精确、不一致、不完整等各种不完备的信息，从中发现隐含的知识，揭示潜在的规律。

在粗糙集理论和决策表相结合的离散化算法中，根据进行离散化过程中是否考虑类别属性，可把离散化算法分为如下两类：

（1）无监督的离散化算法。

（2）有监督的离散化算法。

对同一数据进行离散，选择的离散化方法不同，离散后的结果就大不相同。同样，离散化属性划分的区间大小不同，准确性就不同。区间划分得越多、越细，分类就越精确，但是却降低了效率。为了有效地减少数据表的大小、提高分类的准确性，同时，保证知识获取的效率不会有所降低，要根据离散对象来选取合适的离散化算法。针对粗糙集理论的属性离散化算法有很多，考虑到入侵检测的数据量比较大、属性比较多，通常采用 NativeScaler 算法。

由于入侵检测的数据量比较大、属性比较多，数据离散化完成后，对数据进行属性约简是必不可少的。属性约简就是对属性集进行简化，去掉对决策规则没有重大影响的属性，简化决策规则。

入侵检测通用的测试数据集往往使用 KDD－99 数据集。在 KDD－99 数据集中描述一个网络连接的审计有 42 个属性，还有 1 个决策属性。为了保证关联规则的挖掘效果和下一步的顺利进行，在保持决策表中决策属性和条件属性不发生变化的情况下，对 KDD－99 数据集进行约简，是必不可少的。

四、系统配置分析技术

系统配置分析就是通过检查系统当前的配置情况，查看系统是否已经受到攻击者的攻击，或者系统是否存在入侵的危险。系统配置分析不能监控系统的动态运行，只能对系统当前的安全状况进行分析，它是一种静态分析技术。

系统配置分析的基本原理如下：

(1)如果系统受到攻击者的攻击，可能会在系统中留下痕迹，通过检查系统当前的状态来发现系统是否存在入侵行为。

(2)系统安全管理人员和用户常常会对系统进行错误的配置，这样就给入侵者留下了攻击的机会。

可以看出，系统配置分析既可以在入侵行为发生之前进行，作为一种防范性的安全措施；也可以在潜在的攻击活动之后进行，以发现暗藏的入侵痕迹。

另外，文件完整性检查实质上也可以算作系统配置分析技术中的一个分支技术，是将整个系统状态中特定文件系统的状态信息作为目标分析对象。

系统配置分析技术一个最著名的实现工具是 COPS。COPS 可以对系统的安全漏洞进行检查，如果发现问题，则利用邮件或者是以文件的形式将检查结果报告给用户，以便于用户采取相应的措施，如进行漏洞扫描。COPS 还可以以一个普通用户的身份运行，对系统进行一些常规检查，供用户参考。现在许多系统安全扫描的软件都汲取了 COPS 的成功经验。

第三节　基于网络的入侵检测技术

一、分层协议模型与 TCP/IP 协议簇

(一)TCP/IP 协议模型

计算机网络的整套协议是一个庞大复杂的体系,为了减少网络协议在设计上的复杂性,便于对协议进行描述、设计和实现,提高系统的可变性、可维护性、可靠性和可重用性,OSI/ISO、计算机网络协议、TCP/IP 都采用层次模型。TCP/IP 是一种网际互联通信协议,TCP/IP 网络是一种采用数据包(或分组)交换的网络。

用 TCP/IP 实现各网络间连接的核心思想是把千差万别的底两层(物理层和数据链路层)有关的部分作为物理网络,而在传输层/网络层建立一个统一的虚拟的逻辑网络,以这样的方法来屏蔽所有物理网络的硬件差异。

(二)TCP/IP 报文格式

TCP/IP 的数据报文采用分层封装的方法。TCP/IP 分为链路层、网络层、传输层、应用层四层,每层都有各自专用的报头。下面以以太网为例,介绍 TCP/IP 各层报文格式。

8 字节的前导用于帧同步,CRC 域用于帧校验。目的地址和源地址是指网卡的物理地址,即 MAC 地址,具有唯一性。帧类型或协议类型是指数据包的高级协议,如 0x0806 表示地址解析协议(ARP),0x0800 表示网际协议(IP)。

序号指数据在发送端数据流中的位置。确认号指本机希望下一个接收的字节的序号。

二、网络数据包的捕获

网络数据包捕获机制是网络入侵检测系统的基础。通过捕获整个网络的所有信息流量,将捕获的网络数据包中的所有信息进行集成、清洗、变换与约简,将

无意义的数据直接过滤掉,对入侵分析有意义的数据转换为符合系统要求的数据,再将符合系统要求的数据送给分析器等更高层的应用程序进行更高层次的、更全面的分析。要保证基于网络的入侵检测系统的准确性,必须保证采用的捕获机制捕获的网络上的数据包的完整性、正确性、准确性。要提高基于网络的入侵检测系统的运行速度,必须保证采用的捕获机制捕获网络的效率。

数据捕获机制有很多,其中应用最广泛的就是利用嗅探器(Sniffer)对网络数据包进行捕获。

(一)Sniffer 工作原理

只有报文信息为物理信号时才可以被 Sniffer 获取,通知网卡接收其收到的所有数据包(该模式叫作混杂模式:网络上的设备对总线上传送的所有数据进行侦听,并不仅仅是针对它们自己的数据),在共享 Hub 下一个网卡能接收到这个网段的所有数据包,但是在交换 Hub 下每一个网卡只能接收到自己应该接收到的数据包。

Sniffer 工作在网络环境中的底层,它拦截所有的正在网络上传送的数据,由应用程序对数据进行过滤处理,并对其进行实时分析,进而分析所处的网络状态和整体布局。不同的 Sniffer,设计原理不同,功能也不同。有的 Sniffer 只能对一种协议进行分析,有的 Sniffer 可以同时对上百种协议进行分析。绝大部分 Sniffer 都能够对标准以太网、TCP/IP、IPX 和 DECNet 等协议进行分析。

(二)共享和交换网络环境下的数据捕获

广播能够完成共享网段的数据传输。应用程序仅仅可以响应和其硬件地址配合一致的或用广播方式输送的数据帧。换言之,应用程序不能够获取与其不相关的数据包。

为了捕获流经网卡的、不符合其主机的所有数据流,需要躲避系统正常运行下的解决机制。第一步,把网卡的工作方式调整到混杂方式,方便其获取目标地址与其自身 MAC 地址不一致的数据包。第二步,直接对数据链路层进行访问,得到数据并经过应用程序做相应的过滤。

在采用交换 Hub 或采用交换机连接的交换式网络工作状态下,当网络设备工作在监听模式下时,仅仅可以获取到与其相联系的交换 Hub 或者交换机端口上的数据,而不能监听别的端口以及别的网段的数据。想要完成交换网络的数据获取需要使用其他特殊的方法。一般可使用以下方法：

(1)把数据包所获得的程序安设在网关或代理服务器中，以此来实现获取全部局域网中的数据包。

(2)将交换机实施端口映射，把全部的端口数据包均映射至某一连接监控机器的端口中。

(3)安设一个 Hub 于交换机与路由器两者间，此时数据能够通过广播的形式向外传递。

(4)采取 ARP 欺骗，在承担获取数据包的机器中完成所有网络的数据包的转发。这将造成所有局域网效率的下降。

(三)包捕获机制

通常来说，包捕获机制可以看成由三个部分组成：最下层为关于某指定操作系统的包捕获机制，最上层为关于用户程序的接口，中间则为包过滤机制。

通常情况下，数据包的传输路径可看作由网卡、设备驱动层、数据链路层、IP层、传输层，最终传输至应用程序。包捕获机制可以看成数据链路层新设的某一旁路，其作用为将所发送与接收的数据包进行过滤或者缓冲，最终被传送到应用程序。包捕获机制对操作系统进行的数据包网络栈处理并不产生干涉作用。从用户程序的角度来说，包捕获机制可以看成提供统一的接口，方便用户程序，通过简捷地调用若干函数便可以得到所需要的数据包。基于使用者的需求对捕获到的数据包作出相应选择，以实现仅将符合过滤要求的数据包发送到用户程序中，称为包过滤机制。

包过滤机制的目的是方便用户程序仅基于较为基础的设置实现相应的过滤要求，取得符合要求的数据包。

包过滤机制是以数据包的布尔值操作函数为基础的，当函数最后回至“true”，便会过滤，否则要将其丢掉。包过滤机制与数据包的协议类型基本不存在关联，其仅仅将数据包简单地、笼统地看作某个字节数组，而谓词判断能够通过具体的协议映射至数组特定位置的值。包过滤机制可以看作一个算法问题，其核心内容为怎样用最低的判断操作步骤，最快速地实现过滤，提升过滤速率。

(四)BPF 模型

BPF 是用于 Unix 的内核数据包过滤器，其功能十分强大，性能也很高。

正常情况下，当网络接口设备接收到一个数据包时，链路层驱动器把它传送给协议堆栈进行过滤处理。如果 BPF 也在该网络接口上监听，链路层驱动器首先调用 BPF。BPF 会根据用户定义的规则决定数据包是否被接收，以及数据包中的哪些内容应该被保存下来。被接收的数据包中的数据会被存入与过滤器相连的缓存器中，应用程序需要时，会从与之对应的 BPF 缓存器中对数据进行调用。如果该数据包的目标地址不是本机地址，则驱动程序从终端过程返回；否则，将进行正常的网络协议处理过程。

(五)Windows 平台下的 WinPcap 库

WinPcap 是一种分层体系结构。该分层体系结构共分为三层，自下而上分别是协议驱动程序、Packet.dll 和独立于系统的 LibPcap 函数库。

网络接口设备将捕获的网络数据包送往 NIC 驱动程序，NPF 根据过滤器用户定义的规则对数据包进行网络分流。分流后的数据包有的经过滤器原封不动地传给用户态模块，有的经过统计引擎直接被用户监控，还有的直接被调用。Packet.dll 是用户层与内核层进行交互的接口。

第四节　分布式入侵检测技术

一、分布式入侵检测系统

(一)分布式入侵检测系统的特征

随着网络规模的增大，集中式的入侵检测技术已经不能适应网络安全的需要，分布式入侵检测技术应运而生。分布式入侵检测系统的特征可以概括为以下几点：

(1)分布式部署。

(2)分布分析。

(3)安全产品的联动。

(4)系统管理平台。

(5)可伸缩性和可扩展性。

(二)分布式入侵检测系统的体系结构

分布式入侵检测系统是树状体系结构,每个节点都是由特定网络与一个入侵检测系统所构成的完整体系。将任何一个分支独立来看,都是一个完整的分布式入侵检测系统。

子节点主要收集所辖区域内能反映整个网络是否被攻击检测的网络数据报、防火墙数据源、漏洞扫描系统、蜜罐等其他信息源,以及用户活动的状态和行为,并对这些数据进行分析。如果有比较明显的攻击数据,就会直接上报给安全控制中心,由安全控制中心产生警报,并立即采取相应的措施。如果子节点不能确定所收集的数据中包含的内容是正常的还是可疑的,就需要将这些数据附加一些额外的信息,采用标准的格式上报给 3 级控制中心,由 3 级控制中心对数据进行分析融合,做出更高层次的、更全面的分析。如果 3 级控制中心能对子节点上传的信息做出正确判断,就会立即做出响应;如果不能做出判定,则需要继续向 2 级控制中心传送,由 2 级控制中心进行分析。分布式入侵检测系统中,安全控制中心是整个系统的最高层,是整个网络的安全中心,控制着子节点与各级控制中心。当某子节点检测出严重的攻击状况时,就不会逐级汇报,而是直接上报给安全控制中心。安全控制中心还具有全局预警的功能。

在分布式入侵检测系统的分层结构中,每个节点不是几台主机集合或子网的概念,而是特定网络及其入侵检测系统所构成的完整体系。由于各个节点所处的层次不一样,它们实现的功能与作用也不尽相同。子节点主要完成数据采集、预处理和分析,减少中层节点的运算量。这是入侵检测能够顺利进行的至关重要的一步。中层节点的主要功能是对子节点上报的数据进行更高层次的分析与判断、融合与警报,并与当地的安全部件进行互动。根节点的主要功能是对整个系统进行配置和管理,以及发出全局预警等。

一个完整的入侵检测系统应该包括如下模块:数据探测模块、主体模块、分析模块、关联与融合模块、控制模块、决策模块、协调与互动模块、安全响应模块、数据库模块、人机界面。

分布式入侵检测系统结构层次模型中,从低到高依次是数据采集层、主体层、分析层和管理层。

1.数据采集层

数据采集层通过探测器完成对日志、网络数据包、防火墙数据源等各种计算机网络中的数据的采集。系统日志探测器采集网络中关键主机的应用程序崩溃或关闭事件等系统操作日志,包括安全日志、应用日志等。包探测器将收集到的网络数据包中的海量数据进行过滤,删除无意义的数据与信息,精简数据量。其他探测器,如漏洞扫描探测器、防火墙探测器,采集相应安全部件的警报信息。

2.主体层

主体层包含操作系统主体、网络主体、协议主体和其他主体。这些主体是相互独立的,协议主体的改变可以改变系统的功能。

3.分析层

分析层对数据进行分类,形成各种事件,再进行分析报警,将警报信息送给管理层的决策与响应模块。分析层的控制模块接收来自管理层协调模块的控制信息,完成对操作主体、网络主体、协议主体和分析主体的管理、任务分派等工作。

4.管理层

管理层对各级探测器检测获得的事件信息进行处理。人机界面是系统安全管理人员与入侵检测系统进行交流的接口。系统安全管理人员可以根据人机界面对系统进行管理和配置;还可以根据某些警报信息,对系统采取措施,解决相关问题。决策模块的主要功能是对各种警报信息进行分类,一部分送往系统安全响应模块,本地不能解决的警报信息需要送往上层节点。

二、入侵检测系统中的主体实现技术

入侵检测系统中的主体分为三类:中心主体、分析主体、主机主体和网络主体。各个主体之间相互协作又相互独立,具有很好的可配置性和可扩展性。

(一)中心主体

中心主体作为整个系统的最高层,对分析主体、主机主体和网络主体进行管理与配置,同时接收来自各个主体送来的数据与警报信息,并根据警报信息采取相应的措施,能接收和显示全局的安全态势。

1.事件管理

其他主机所检测出的入侵警报、攻击行为都会上报给中心主体的事件管理模块。事件管理模块将其他主体上报的报警事件，根据入侵程度的不同进行分类，并提供相应的解决方法，以便于管理员迅速做出反应。

2.报告生成

事件管理模块会将其他主体上报的报警信息和事件的一些详细信息总结为事件检测报告。管理部门通常会每周或每月对自己负责的站点受到的各种入侵行为进行总结，这样有利于研究人员了解攻击者的趋势，找出薄弱环节，对其进行重点保护，使其以后免受同类攻击。

3.主体的管理和配置

由于系统中存在着分析主体、主机主体和网络主体，主体不同，所采取的分析方法也就不相同。为了使各个主机之间能够更好地进行协作，需要对处于不同层次的主体进行统一的管理和配置。

4.响应

响应是入侵检测系统至关重要的一个功能，没有响应，数据收集、分析等工作就失去了意义，入侵检测系统就没有了存在的价值。最简单的响应是自动通知。

(二)分析主体

分析主体在整个系统中处于分析层，它对各个主机主体发送来的数据进行综合分析，以便发现涉及多台主机与网络的入侵行为。

数据存储模块接收来自主机主体的数据，并将数据存入数据库中，以便于以后的分析。主机主体和网络主体传送来的数据是经过处理的数据，这样大大减少了网络通信量，降低了网络的负载。构造专用的存储系统可以提高反应速度，但构造过程却十分复杂，不容易完成。可以选择现有的数据库系统来建立存储系统。现有的数据库系统都支持 SQL 查询，它对搜索的封装使得分析系统可以使用通用的接口。

(三)主机主体和网络主体

主机主体和网络主体处于整个分布式系统的最底层。主机主体的功能是在所在主机上以各种方法收集信息并对这些数据进行初步分析，所以主机主体是依赖于操作系统的。网络主体的功能是收集网络上的数据包，并对它们进行初步分析，将明显不是入侵的数据丢弃，将明显是攻击的数据截获并报警，将其他可疑数据传送给上层主体。主机主体和网络主体的结构类似，只是它们的数据源不同。

三、主体之间的通信

主体之间良好的通信机制是基于多主体技术的大规模分布式入侵检测系统正常运行的前提。主体通信语言是主体之间交换信息和知识的手段。知识查询和操纵语言（KQML）是现在比较流行的主体通信语言。

（一）KQML 的特点

KQML 具有以下三大属性：

（1）KQML 独立于网络传输协议。

（2）KQML 独立于内容语言。

（3）KQML 独立于内容实体。

KQML 可分为三个层次：通信层、消息层和内容层。

采用 OWL 作为 KQML 的内容层语言，KQML 的动作表达式如下：

（performative

：sender <word>

：receiver <word>

：language <word>

：reply－with <word>

：in－reply－to <word>

：ontology <word>

：content <word>）

KQML 具有可扩展性，针对不同的系统，可以定义新的行为词。通过协商通信原语，可以有效地实现入侵检测主体之间的协商、协作过程。

（二）KQML/OWL 消息的封装与解析过程

用 Java 语言实现基于 OWL 内容的 KQML 原语封装/解析的过程：主体要

发送的消息必须采用 OWL 语言编写，然后利用 KQML 语言对其进行封装，封装后由消息发送器使用 TCP/IP 协议在 Internet 或 Intranet 上发送到 KQML 规定的目标。消息接收器将接收到的 KQML/OWL 消息先进行 KQML 解析，再进行 OWL 语言解析，直到得到主体想要的消息。

第五节　无线网络入侵检测技术

相比有线网络，无线网络在使用上更加便利，在应用上有着更大的优势。随着无线网络技术飞速发展，无线网络带宽的瓶颈逐渐被打破，基于无线网络的应用变得丰富起来，使得无线网络迎来发展的黄金时期。

在无线网络飞速发展的同时，其安全问题也越发严重，除了传统有线网络的安全威胁对无线网络同样有效之外，无线网络因为自身的特点还需要面对新的威胁，无线网络入侵检测技术的研究逐渐受到重视。

一、典型的 WLAN 入侵检测技术

针对 WLAN 存在的安全威胁和安全漏洞，有以下 WLAN 入侵检测技术。

（一）MAC 地址欺骗攻击的检测

MAC 地址欺骗产生的原因是 IEEE 802.11 标准中没有对无线网络数据帧 MAC 层的源 MAC 地址进行认证的有效机制，源 MAC 地址可以被篡改。

IEEE 802.11 标准定义的 MAC 帧格式中有一个序列控制字段，该字段占两个字节，分为分段号（4 位）和序列号（12 位）两个子字段。分段号用来标识一个特定的 MAC 服务数据单元（MSDU），序列号标识 MSDU 的序号。无线信号发送时，信源端发送的每个 MSDU 会被分配一个序列号来进行标识，序列号从 0 开始计数，每发送一个 MSDU，其序列号加 1。

（二）WarDriving 入侵检测

检测 WarDriving 入侵一般采用特征匹配和统计分析相结合的方法。特征匹配主要是利用某些入侵行为的数据包中存在的特定信息来进行检测的。如常

用于 WarDriving 入侵的黑客软件 NetStumbler，其在检测到 AP 后，会发送一个数据包，这个数据包有以下三个特征：

(1)LLC 的 OID 值为 0x00601d。

(2)PID 值为 0x0001。

(3)数据负载为 58 B。不同版本的 NetStumbler 包含一些特殊的字符串。只需比较所捕获的数据包和这些特殊字符串，就可以判断是否有 WarDriving 入侵了。

(三)非法 STA 的检测

非法 STA 是一种试图非法进入 WLAN 或破坏正常无线通信的带有恶意的无线客户，其行为往往表现出一些异常，管理员只要留意其行为特征，一般就可以识别。

IEEE 802.11 的信道是共享的，为保证多个用户共享信道，在 MAC 层采用了 CSMA/CA 的介质访问控制策略。该策略为每个无线节点规定了使用信道的持续时间。持续时间可在 802.11 帧头的持续时间字段设定，无线节点在一帧的指定时间内占有信道，可进行数据发送。非法 STA 经常以任意 SSID 连接 AP，如果 AP 允许客户端通过任意 SSID 接入网络，必将为攻击者提供极大的方便。因此，管理员应更改 AP 设置，禁止以任意 SSID 方式接入。

(四)非法 AP 攻击的检测

通过侦听无线信号，可以检测 AP 的存在，得到在无线网卡接收范围内所有正在使用的 AP。要进一步检测非法 AP，就需要在网络中做一些布置。

首先，分布于网络各处的探测器通过 RF 扫描完成数据包的捕获。接着，WIDS 入侵检测系统完成对数据包的解析，并判断非法 AP。判断非法 AP 时，可根据 WLAN 中已授权的 AP 列表来进行。具体方法是：首先，对数据包进行协议解析，从中找出 AP 的 MAC 地址。其次，和授权 AP 列表比较，判断非法 AP。最后，通过网络管理软件确定 AP 接入有线网络的具体物理地址，完成对非法 AP 的定位。

(五)拒绝服务(DoS)攻击的检测

无线网络 DoS 攻击的数据帧中往往存在 MAC 地址欺骗，伪装成授权的合法用户或 AP 发送的 Deauthentication 帧或 Disassociation 帧，如果检测到无线信号中包括这些情况，就能断定这是一个 DoS 攻击。另外，可以统计每个 AP 收到的 Authentication Request 帧，并按源地址进行分类。如果 MAC 地址不在授权的地址列表中，或一定时间间隔内 Authentication Request 帧的数量超出正常值，则有向 AP 进行 DoS 攻击的可能。

(六)MAC 地址与 SSID 过滤

MAC 地址访问控制机制和 SSID 过滤机制可有效过滤掉部分未授权地址和 SSID。这两种机制主要依靠授权列表来实现。通过管理员手动设置黑名单和白名单，可以初步阻止非法 MAC 地址和 SSID 的接入。

(七)报文捕获技术

要进行 WLAN 入侵检测，首先要捕获无线报文。无线报文的捕获可通过 Linux 系统下的射频监听模式来进行，射频监听模式需要特殊的网卡和驱动程序的支持。实验发现，Atheros 芯片的网卡和 Prism2 芯片的网卡都支持射频监听模式，捕获性能好。在应用开发方面，可使用 Libpcap 开发包来捕获底层的所有报文，通过命令设置使得 Libpcap 捕获到带 prism 头结构的所有 802.11 原始报文。

处于射频监听模式下的无线网卡不接入周围任何一个 WLAN，能捕获网卡接收范围内更多的原始 802.11 报文，所捕获报文按 802.11 协议格式封装头部，可以解析出更多对入侵检测有用的 WLAN 信息。

二、WLAN 入侵检测系统模型

传统的入侵检测系统主要面向有线网络，并不适用于无线网络。无线网络与有线网络之间存在着差异，这种差异主要体现在传输链路上。对协议来说，也就是物理层和链路层。无线网络的开放性使得无线网络的物理层和链路层更易受到攻击，因此无线网络的入侵检测系统应更加关注网络层以下的入侵，而网络层以上的入侵则与有线网络没有多大的差别。

(一)WLAN 入侵检测系统结构

与传统入侵检测相比，WLAN 入侵检测的区别主要体现在两个方面：一是数据包来源于无线链路；二是采用 IEEE 802.11 标准体系协议族。因此，要实现

WLAN 入侵检测,需要添加新的数据包捕获模块和协议分析处理模块。

考虑到无线站点的分散性和移动性,WLAN 入侵检测系统应采用分布式结构,网络中每个节点都参与入侵检测工作,对本范围内的入侵进行检测,同时,相互之间要能够协同工作。

自治代理可以作为一个小型的入侵检测系统,分布在无线节点上,负责本地的入侵检测,同时相互间协作,向控制中心报警。因此,WLAN 入侵检测系统可采用分布式自治代理结构。自治代理是一个独立的完整的小型无线网络入侵检测系统,主要负责无线网络的入侵检测,其工作方式有两种:

(1)当自治代理能够对入侵进行判定时,则进行判定,并将判定结果反馈给控制中心。

(2)当自治代理无法对入侵进行判定时,则将提取出的行为特征提交控制中心。控制中心可根据其他自治代理发来的数据进行协同检测,进一步判定入侵行为。

(二)WLAN 入侵检测系统功能模块

1.数据包捕获模块

数据包捕获模块主要负责监听、捕获网络中的无线数据包,并按照过滤要求进行数据包的过滤。与有线网络的数据包捕获模块不同,无线入侵检测系统要求能够捕获无线数据包,也就是能够支持对无线链路上传输的数据包的捕获。要实现这个目标,可使用 RF 扫描技术,即启动 Linux 系统下无线网卡的射频监听模式。要启动射频监听模式,在硬件上需要特定的无线网卡及驱动程序的支持,如 Atheros 芯片的网卡和 Prism2 芯片的网卡;在软件上,需要 Libpcap 开发包的支持。

2.协议分析与处理模块

数据包捕获模块捕获到的无线数据包要先经过过滤,将无意义的数据包直接丢弃,将用户感兴趣的数据包上传给协议分析与处理模块,由协议分析与处理模块对其进行协议转码,使其符合系统的要求,将转码后的数据包上传给预处理模块,由预处理模块对其进行进一步的分析。在无线入侵检测系统中,协议分析与处理模块能够对 IEEE 802.11 标准协议族中的协议进行分析和处理。

3.预处理模块

对经过协议解码的无线数据包进行数据集成、清洗、变称、约简、融合等预处理。如果能够判定数据包中存在攻击者的攻击，则立即上报给管理控制模块，由其做出响应；如果不能判定无线数据包中是否存在入侵行为，则将其上报给入侵检测模块，由入侵检测模块做出更高层次、更全面的分析。

4.入侵检测模块

入侵检测模块接收到预处理模块上传的无线网络数据包，会根据无线网络数据包的类型从规则库中调取相应的规则，将两者进行比较，从而判断无线入侵检测系统是否遭受到攻击者无意或蓄意的攻击与破坏。为最大限度地检测出入侵，可采用混合式入侵检测技术。利用误用检测技术，根据规则匹配检测已知入侵行为；利用异常检测技术，根据行为与正常行为轮廓偏离程度，检测未知入侵行为。

5.规则处理模块

规则处理模块主要有两个功能：一是产生规则，将规则存入规则库。产生规则主要根据协议分析与处理模块的结果，根据定义的规则描述属性，对无线数据包进行特征提取，从而构造规则。二是从规则库提取规则，进行规则解析，在内存中生成规则树。这样，入侵检测模块就可以根据规则树进行模式匹配，判断入侵。

6.响应模块

响应模块由管理控制模块控制，根据警报的类型采取相应的响应措施。一方面，向控制中心发送告警；另一方面，主动断开攻击者的连接，避免危害扩大，同时启动日志模块记录攻击时的状态等相关信息。

7.规则库

规则库用于存储入侵行为的规则。要提高入侵检测的准确率，规则库信息全面并且不断更新是十分重要的。

8.通信模块

通信模块负责与其他自治代理和控制中心的通信。

9.管理控制模块

管理控制模块负责调度和管理自治代理中的其他功能模块。

第六节　入侵检测技术研究新动向

入侵检测技术的研究出现了一些新的动向。在应用方面，数据库入侵检测、无线网络入侵检测以及电子支付平台入侵检测成为未来入侵检测研究的热点和方向。在技术方面，遗传算法与粗集理论结合的 RSGA 算法、计算机免疫技术、数据挖掘技术、数据融合技术、分布式处理技术、入侵容忍技术以及入侵防御技术必将在入侵检测领域大放异彩。

一、数据挖掘与入侵检测技术

基于归纳学习的数据挖掘过程可形式化地表述为

$$K+E \rightarrow K'+R$$

式中，K 表示已有的知识，E 是 i 个经验事件的集合，经过学习后得到规则 R，作为对 E 的概括，同时，由于新的知识会影响到原有知识，对原有知识进行补充、修改，K 变为 K'。

采用基于归纳学习的数据挖掘方法，对入侵检测系统的信息获取子系统所获得的违规审计数据进行挖掘，发现隐藏在其中的攻击模式，并建立新的检测模式，生成新知识，从而对知识库进行更新、求精与丰富。

基于数据挖掘的入侵检测系统的优点可以概括为以下几点：

(1)检测效率高。

(2)检测准确性高。

(3)适应性强。

(4)扩展性好。

(5)智能性好。

二、基于粗糙集和遗传算法的分类挖掘算法

基于粗糙集理论能够对各种概念模糊、语义不清、冗余的信息进行分析与处理，提取有用的信息，简化规则，提高决策效率。粗糙集理论的缺点是不利于进

行规则匹配,而遗传算法正好弥补了粗糙集理论的这一不足。遗传算法不仅可以对规则进行优化和求精,还能从现有的规则中发现新知识。基于粗糙集和遗传算法的分类挖掘算法就是将粗糙集理论与遗传算法结合在一起,充分利用两种算法的优点。该算法的框架结构由三部分组成:预处理、粗分析、后处理。

训练数据集中的数据要先经过预处理,将原始数据转换为满足系统要求的决策表形式,确定条件属性与决策属性,并将属性的语言描述转换到实数域。需要注意的是,条件属性必须是离散形式。如果条件属性中包含连续值属性,需对其进行离散化。预处理还需对遗传算法的有关参数进行初始化。粗分析对数据进行约简,提取有用信息,简化决策表,基于遗传算法的规则挖掘技术对规则进行优化和求精。后处理的作用是对规则进行进一步检查,去除冗余规则,生成通用而简洁的规则。

三、基于人工免疫的入侵检测技术

基于人工免疫的入侵检测系统的工作原理与生物免疫系统类似。基于人工免疫的入侵检测系统能够使用系统调用序列识别“自我”和“非我”。“自我”指的是正常行为,“非我”指的是不正常行为。系统调用序列对“非我”的不正常行为产生免疫应答,有效阻止与预防对计算机和网络的入侵行为。系统调用序列对“自我”的正常行为不产生应答,以保证计算机网络的安全。

基于人工免疫的入侵检测系统具有较好的学习和自适应能力,能够检测出未知类型的攻击和系统漏洞。

四、基于数据融合的入侵检测技术

数据融合就是对一个系统的具有相似或不同特征模式的多源检测信息进行互补集成,从而获得当前系统状态的准确判断,在此基础上对系统的未来状态进行预测,为采取适当的系统策略提供保障。

数据融合技术综合了人工智能、统计学和数字信号处理等多方面的技术,其主要功能是利用多传感器检测到的信息对系统的当前状态进行判断,并进一步对系统未来的状态进行推演、预测、整合并精细化数据源的数据,用于与预先定义的规则进行匹配分析。

基于数据融合的入侵检测系统的多层抽象视图中，每一层都有与之对应的相关信息。收集报警构成了最底层的态势描述。分析部分展示了两类高层抽象对象：攻击和攻击者。攻击者和攻击之间具有相近的关系，攻击者至少参与了一个攻击。另一个高层的抽象是分析当前系统的态势，通过考虑攻击者的目的，监控系统的脆弱性来完成。多层抽象视图可以由以下两个步骤完成：

第 1 层：合并或者融合来自传感器的数据。

第 2～3 层：对第 1 层融合过的数据进一步融合推理。

五、基于入侵容忍的入侵检测技术

入侵容忍技术主要研究如何在遭受攻击的情况下保护系统的服务能力。容忍入侵的目的是在系统被部分入侵、性能下降的情况下，还能维持系统的正常服务。

(一)基于阈值的入侵容忍

基于阈值的多级入侵容忍体系安全模型由五级构成：防御体制、Proxy 服务器、COST 应用服务器组、数据库管理系统、事务级入侵容忍。

基于入侵容忍基本原理，采用系统整体安全策略，综合多种安全措施，以保证系统的完整性、机密性和服务器及数据库系统服务的可用性。通过“防御体制＋Proxy 服务器＋COST 应用服务器组＋数据管理系统＋事务级入侵容忍”的多级入侵容忍安全策略，采用面向服务器的入侵容忍、秘密共享技术，提供高效率、低成本的入侵容忍系统。

(二)基于移动代理的入侵容忍

传统的入侵容忍系统需要在每一台机器上都安装入侵容忍系统进行保护，其配置困难，且灵活性差。基于移动代理的入侵容忍系统将入侵检测与入侵容忍相结合、冗余与多样性相结合，实现系统关键信息的完整性和有效性。

六、可入侵容忍的分布协同入侵检测系统

(一)体系结构

控制管理器是整个体系结构的核心，实现安全策略以及对各组件进行管理

和控制。

该系统可以和其他安全系统进行外部协同。比如,使用其他安全系统采集的数据,利用其他安全系统的数据分析结果,并可与其他安全系统联动进行响应协同。

(二)逻辑分层

数据采集层的功能是收集计算机网络中各个关键点的信息。预处理层对数据采集层的信息进行归纳、转换、分类等处理。如果数据中包含的内容能比较明显地说明其是攻击数据,预处理层就不需要再将数据送到协调分析层进行分析,而是直接与管理响应层建立通信,管理响应层会根据实际情况,灵活地做出响应。如果预处理层可以判定数据中包含的内容是正常的,也不会向协调分析层上报这些数据,而是直接将其丢掉,以减少工作量,提高工作效率。如果预处理层不能确定数据中包含的内容是正常的还是可疑的,就需要将这些数据附加一些额外的信息,采用标准的格式上报给协调分析层,协调分析层会对上报的信息进行更高层次的、更全面的分析,并把最后的分析结果上报给管理响应层。管理响应层会根据接收到的各层的分析结果,采取相应的措施。每层都通过各自的通信模块与其他层进行信息交换。系统的关键在于协调分析层和预处理层,这两层设计的好坏直接关系到整个系统的检测效率和检测能力。

(三)本地检测子系统

本地检测子系统中的数据采集器对计算机网络中的关键点信息进行采集,本地分析器对数据采集器收集的信息进行分析。如果本地分析器分析出数据是攻击数据,可把分析结果上报给本地控制器,本地控制器采取相应的措施。在本地控制器解决不了的情况下,也可把分析结果上报给总控制管理器。如果本地分析器不能确定数据采集器收集的信息是否为攻击数据,则需要把数据上报给数据提取器,数据提取器再将其上报给收发器。收发器是本地检测子系统与运行监控器和协同分析器进行通信的接口。

(四)协同分析器

本地分析器不能判定的数据会通过数据提取器和收发器上报给协同分析器,由协同分析器对其进行更高层次的、更全面的分析。如果协同分析器能判定数据是攻击数据，则会直接把分析结果上报给控制管理器，控制管理器会做出相应的响应。如果协同分析器不能判定数据是攻击数据，则会把分析结果上报给更高层次的协同分析器，由更高层次的协同分析器对其进行更深层次的分析。

（五）运行监控器

运行监控器是保证系统入侵容忍的重要工具，可以用一个运行状态变迁图来刻画具有入侵容忍能力的系统。

状态变迁模型描述了根据实际安全需求所做的给定配置下特定攻击发生时的系统行为。如果系统允许用户不经过授权就读取、修改信息，或者同意或拒绝实体访问资源，那么它就处于易受攻击的状态。这里的“不经过授权”是指违背系统安全策略。存在漏洞意味着系统处在易受攻击状态，攻击者可不经过授权读或写信息，或者不经过授权就同意或拒绝向其他人提供服务。当攻击者成功地利用了漏洞，系统就进入了攻击活跃状态。

运行监控器实现了对入侵检测系统体系结构中关键组件的运行状态的监控，为入侵检测系统增加了入侵容忍能力。运行监控器的设计对关键组件的正常运行至关重要，因为它可对关键组件进行运行状态监控、状态评定、状态报告、错误恢复、故障处理。运行监控器会把受保护组件的安全状况直接报告给安全管理人员，以便于安全管理人员充分了解组件的运行状况，并在必要时对关键组件进行重新配置或者重新启动。

第五章

云计算安全技术

第一节　云安全概述

一、云安全的定义与需求

(一)云安全的定义

2008年,趋势科技率先提出了“云安全”这一概念,成为信息安全界的热点,并成为云计算应用发展中最重要的研究课题之一。它融合了并行处理、网格计算、未知病毒行为判断等新兴技术和概念,被认为是网络信息安全的最新体现。

云安全指通过法规政策与安全技术手段对政府、企业的云计算平台、业务应用等多层面采取预防、监控、恢复、评估等机制,以抵御来自外部网络的恶意攻击,同时防止云平台中核心资源遭到破坏、用户隐私发生泄露。

云计算安全的内涵包括下面两个方面:

1.安全技术在云环境下的应用(云自身安全)

即利用安全技术,解决云环境下的安全问题,提升云平台自身的安全,保障云计算业务的可用性、数据的机密性和完整性、隐私权的保护等。这是云计算业务健康、可持续发展的基础。当前主流云服务提供商及研究机构所关注的重点就是云自身安全这一层面,从而构建云平台的安全保障体系。

2.云计算技术在安全领域的应用(云安全应用)

即通过云计算特性来提升安全解决方案的服务性能,属于云计算技术的安全应用。例如,基于云的防病毒技术、挂马检测技术等。这是当前安全领域最为关注的技术热点。传统安全厂商多立足于云安全应用这一层内涵,利用云计算技术解决常规安全问题。

上述两个方面并不是完全独立的,在具体的应用中,它们之间存在一定的交集。例如,某一安全技术采用云计算理念进行优化改进之后用于保障云计算应用的安全性,某一基于云计算的安全服务需要采用云计算应用安全技术来保障其云计算平台的安全性,等等。

(二)云安全的需求

安全通常分为机密性、数据完整性、可用性、控制和审查五大类,要达到足够的安全,就必须将这五个安全分类系统地整合在一起,缺一不可。

1.机密性

机密性又称为保密性,是指保证信息仅供那些已获授权的用户、实体或进程访问,不为未授权的用户、实体或进程所获知;或者即便数据被截获,其所表达的信息也不被非授权者理解。

在云计算系统中,要确保具有相应权限和权限授权的用户才可以访问存储的信息。云计算系统的机密性对于使用者跨入云计算是一大障碍。云计算提供的服务或数据多是通过互联网进行传输,容易暴露在较多的攻击中,因此在云端中保护用户数据秘密是一个基本要求。

2.数据完整性

数据完整性是指在传输和存储数据的过程中,确保数据不被偶然或蓄意地修改、删除、伪造、乱序、重置等。数据完整性是指保证计算机系统上的数据处于一种完整和未受损害的状态,即数据不会因有意或无意的事件而被改变或丢失。数据完整性的丧失将直接影响数据的可用性。

对云计算系统来说,数据完整性是指数据无论是存储在数据中心还是在网络中传输,均不会被改变和丢失。保证数据完整性的目的是保证云平台的数据在整个生命周期中都处于一种完整和未受损害的状态，以及多备份数据的一致性。多备份数据的完整性和一致性是用户和服务提供商共同的责任。用户在将数据输送到云端之前必须保证数据的完整性。当数据在云端进行处理的时候，云服务提供商必须确保数据的完整性和一致性。

3.可用性

可用性是指得到授权的实体或进程的正常请求能及时、正确、安全地得到服务或回应，即信息与信息系统能够被授权使用者正常使用。可用性是可靠性的一个重要因素。可用性与安全息息相关，因为攻击者会故意使用户数据或者服务无法正常使用，甚至会拒绝授权用户对数据或者服务进行正常的访问，如拒绝服务攻击。

对于云计算来说，可用性指云平台对授权实体保持可使用状态，即使云受到安全攻击、物理灾难或硬件故障，云依然保证提供可持续服务的特性。云计算的核心功能是提供不同层次的按需服务，如果某些服务不再可用或服务质量不能满足服务级别的协议，客户可能会失去对云系统的信心。

4.控制

有很多用户会上传数据到云计算系统中。例如，用户在网页上的一连串单击动作可以用来作为目标营销的依据。如何避免这些数据被滥用，除了与服务供应商签订合约之外，还要遵循不同产业对于数据保护的规定。因此，有效地控制云计算系统上的数据存取以及规范云计算系统中应用程序的行为可以提升云计算系统的安全性。

5.审查

审查也称为稽核，即观看云计算系统发生了什么事情。审查可以额外加在虚拟机器的虚拟操作系统之上。将审查加在虚拟操作系统上会比加在应用程序或是软件中要好，因为这样可以观看整个访问的过程，而且是从技术的角度来观看整个云计算系统。

二、云安全与传统安全的比较

云计算是一种新兴的计算模式，它与传统的计算模式相比有其自身的一些特点。例如，它具有开放性、分布式计算与存储、无边界、虚拟化、多租户、数据所有权与管理权分离等特点。同时，云计算系统中包含了大量软件与服务，数据量庞大，系统非常复杂。此外，云计算系统中存放着海量用户数据，对攻击者来说具有更大的诱惑力，如果攻击者通过某种方式攻击云系统，将会给云服务提供商和用户带来重大损失。云计算系统的安全性面临着比传统系统更为严峻的考验。

云安全与传统安全的相似之处如下：

第一，从安全目标上来看，二者目标一致，即保护信息、数据的安全和完整。

第二，从保护对象上来看，传统信息安全所保护的对象是特定的，如企业机密数据、业务运行逻辑等，云计算所保护的内容有所不同，但对云计算信息系统进行安全建设所遵循的原则都是对传统信息安全所遵循的原则的展开和引申，具有一定的继承性。

第三，部分技术类似，如传统的加解密技术、安全检测技术等。

将云计算安全分为云自身安全与云安全应用两个层面，分别与传统安全进行比较分析，如表 5—1 和表 5—2 所示。

表 5—1　云自身安全解决方案与传统安全解决方案的比较

比较维度	云自身安全解决方案	传统安全解决方案
虚拟化安全	涉及虚拟机安全、虚拟机管理平台安全、虚拟网络安全等	没有系统地考虑虚拟机安全，难以有效保护基于共享虚拟化环境下的用户应用及信息安全
数据安全	用户数据资源存储与应用部署集中化，为避免遭到黑客攻击，需要部署数据安全隔离机制	采用防病毒软件、防火墙等传统安全解决方案，保护用户数据安全

续表

比较维度	云自身安全解决方案	传统安全解决方案
安全边界	云系统用户数量庞大，数据存放分散，使安全边界变得愈加模糊	可以在物理上和逻辑上顺利地划分系统的安全域，清晰地辨别物理、逻辑安全边界
模式安全	云计算在技术、管理和法律等各个方面都面临新的挑战，各种模式可能衍生出特定的安全威胁，因此需要考虑一些增强安全的解决方案，以保护系统生命周期安全及核心数据安全	传统安全解决方案通过部署安全网关或防火墙抵御外部攻击
平台可靠性	现有方案很难快速定位问题所在，云计算系统的可靠性面临来自各方的威胁，需要部署新型安全方案	在传统平台上部署应急响应机制，现有方案不能支持云平台环境，不能保证云业务的连续性
安全审计	云审计工作纷繁复杂	传统安全审计工作易于实现
安全漏洞	在云环境下，可能存在新型安全漏洞	传统平台存在安全漏洞
管理安全	用户失去对物理资源的直接控制，可能会面临一些安全问题、责任问题，以及一些协同或管理问题	传统安全聚焦于物理安全、数据安全、人员安全、设备安全等方面的管控
法律问题	云计算具备地域性弱、信息流动性大等特点，存在信息安全监管、隐私保护等法律风险，我国尚未出台针对云安全的法律法规	政府已颁布安全相关法律法规

表 5—2　云安全应用解决方案与传统安全解决方案比较

比较维度	云安全应用解决方案	传统安全解决方案
资源占有量	占用少量资源，极大程度地降低了客户在不同状态下的整体资源占用	占用大量的计算资源
病毒样本库位置	病毒样本库位于云服务侧，用户仅需在本地调用引擎和特征库，即可随时访问包含成千上万样本的病毒特征库，从而识别对应威胁	病毒样本库位于本地，需不断升级更新病毒库
网络安全态势感知功能	具备网络安全态势感知功能，能够第一时间检测到恶意威胁，为用户提供更为全面、可信的安全防护	不具备网络安全态势感知功能

三、云计算面临的安全问题

（一）数据安全问题

为了实现资源的统一管理与调度、降低运营成本，云服务提供商将资源集中于同一平台，并向用户提供网络访问接口。这些资源汇集于云计算的心脏——云数据中心。由于用户在地域上的分散性，大型云服务提供商需要在世界范围内建立多个大型云数据中心。用户通过使用云服务提供商提供的软件或者平台享受服务，不需要了解云基础设施的细节。

在云计算环境下，绝大多数应用软件和数据信息被转移到云服务提供商的云数据中心，而最终享受云服务的用户对其所操作和产生的数据的物理存在状态是完全未知的，用户几乎不可能通过云服务提供商所建立的网络连接以外的其他途径，对自己保存在云中的数据进行管理和控制，即所有应用程序的管理和数据信息的维护工作都需要委托给云服务提供商来完成。云计算在为用户提供便利的同时，也会导致用户对存储在云中的数据的安全性产生不安。

（二）云平台安全问题

服务可用性问题是云计算的一个核心安全问题，云中托管的数据和服务来源于数量庞大的用户群,若云平台发生服务不可用问题,产生的影响将远远超出传统信息系统。

造成服务中断的威胁可能来源于云系统内部,也可能来源于外部。

服务可用性的内部威胁主要来自云平台自身的可靠性问题。云平台的可靠性可以通过容灾备份技术得以加强。

服务可用性的外部威胁主要是拒绝服务攻击威胁。拒绝服务攻击造成的后果和破坏性明显超过传统信息系统。

由于云计算系统与传统信息系统不同,若只是单纯地把传统的安全技术不加修改地直接应用到云计算系统上,则无法有效保证云计算系统安全。目前已经存在一些提高云计算安全性的解决方案,但只能零星地解决特定云平台的特定问题,还不能从根本上改变目前云计算平台的不安全状态。

(三)存储安全问题

存储安全是指保护云用户的敏感信息不被泄露、破坏或损失。为了实现这一目标,存储服务的访问控制机制应具备授予用户访问权限,并且阻止非法访问,可以控制不同访问级别并监控特定会话。同时,加密的数据只能被授权用户执行解密。

(四)虚拟化安全问题

虚拟化使得传统物理安全边界逐渐缺失,以往基于安全域的防护机制已经很难满足虚拟化环境下的多租户应用模式,用户的信息安全和数据隔离等问题在共享物理资源的环境下显得更为迫切。

虚拟化技术的引入会带来以客居方式运行操作系统的安全问题和虚拟化软件特有的安全威胁。例如,如何预防虚拟机之间的相互攻击和盲点,如何在不同安全级别的虚拟机之间进行无缝合并,如何应对数据所有权和管理权分离的问题,如何处理数据残留问题,等等。这都是新出现的安全问题。

(五)云应用安全问题

由于云计算基础设施的灵活性和开放性,任何终端用户都可以接入,这对于运行在云端的应用程序的处理是一个极大的挑战。另外,公众的可获得性以及用户对计算基础设施缺少控制,也为云应用程序的安全带来了很大的挑战。

在云计算环境下，所有的应用和操作都是在网络上进行的。用户将自己的数据从网络传输到云端，由云应用来提供服务。

云应用的安全实质上涉及整个网络体系的安全，但是其又不同于传统网络。云服务提供商在部署应用程序时应当充分考虑可能引发的安全风险。

对于云用户来说，应提高安全意识，采取必要措施，以保证云终端的安全。

（六）隐私保护问题

在云计算环境下，恶意地获取和传播云计算中的数据比在传统网络环境中更加容易。威胁可能来自云中，也可能来自云外。

对云管理者来说，他们可以轻易地利用其技术优势获取云中任何用户的数据信息。同时，大量用户共享同一平台也为恶意攻击者降低了击破数据保护壁垒的难度，提供了更多获取他人信息的机会。

从外部来看，云环境中数据复杂的传输流程也使得数据受到威胁的环节显著增加。保证存放在云数据中心的数据隐私不被非法利用，不仅需要技术的改进，也需要法律的进一步完善。

四、云安全的研究进展

从全球范围来看，亚马逊、谷歌、微软等云服务提供商都在积极地对云计算的安全问题进行分析和研究，比较清晰地提出了各自对云计算安全问题的基本认识，以及关于云计算安全建设的初步解决方案。我国关于云安全问题的研究尚处于起步阶段。云安全建设是国家信息领域重点建设项目之一，对于推动我国云计算技术发展起到重要作用。

（一）中科曙光

中科曙光是国内最早的云服务提供商之一，其先后推出了 CFDfense 虚拟化安全防护子系统、CloudFirm_SOC 安全管理中心、CFDfense－Hypervisor 防火墙、CFDfense 虚拟安全网关、CloudFirm_SOC 安全设备资源集中管理平台等一系列安全产品。在云安全实践方面，中科曙光严格参照国家信息安全等级保护要求，结合自主研发的安全产品，提出了全面系统的 CloudFirm 私有云安全解决方案。

1.基础层面

CloudFirm私有云安全解决方案采用的是业界知名的国产安全厂商的产品，根据用户的具体需求，形成了完善的信息安全防护系统，为私有云中心提供了一系列完备的安全防护，包括防火墙、入侵防御系统、防病毒网关、漏洞扫描、数据库审计等。此外，通过中科曙光CFDfense－Hypervisor防火墙能够实现虚拟机之间以及虚拟机和物理机之间所有的通信控制，为用户应用建立安全分割，使传统安全方案的控制盲区得以消除。通过CFDfense虚拟安全网关还能够实现虚拟数据中心的边缘防护。

2.管理层面

CloudFirm_SOC安全设备资源集中管理平台是面向全网安全设备资源的。通过对云计算平台中的安全事件进行采集、处理和分析，再配之以一套可度量的风险模型，安全管理员能够监控、管理全网安全资产的运行，通过对安全事件的分析与审计，进行风险评估与度量，并提供安全预警与安全响应。此外，CloudFirm_SOC还能够对人员安全管理、物理安全管理、介质管理、主机安全、应用安全的各种信息进行汇总，并根据管理需要生成管理信息报表。CloudFirm_SOC有助于进行标准化安全流程管理，从而实现持续的安全运营。

(二)腾讯

腾讯云平台是国内最具影响力的云计算平台之一。腾讯通过多层次、多维度的实时监控和离线分析等手段，从不同的层面对云平台实施保护，这些安全服务已经基本覆盖了互联网应用安全问题，可为应用提供可靠的安全防护。下面重点从运维安全、业务安全、信息安全三个层面来阐述腾讯在保护云平台的安全性方面的具体措施。

1.运维安全层面

(1)运维安全防护策略

①资源隔离

在应用间采用访问隔离策略，防止应用间恶意访问。

②安全加固

加固操作系统、服务器软件配置，防止系统级别的安全漏洞。

③网络安全

借助腾讯安全中心强大的防攻击体系，抵御网络攻击和入侵。

④数据安全

控制访问者权限，通过数据隔离技术对不同应用之间的数据进行隔离。

此外，腾讯云计算平台提供了专门的 FTP 上传下载通道，并对应用程序进行安全扫描，防止测试代码或容易引起安全漏洞的代码发布到外网。

⑤密码安全

登录腾讯服务器时，需使用 HTTP 代理登录，使用“固定密码＋动态密码”方式进行密码校验，防止密码安全问题的发生。

(2)日常安全漏洞扫描方面的策略

①Hosting 应用

安全服务后台对部署在腾讯服务器上的应用程序进行安全扫描，并定期向开发者发送审计报告。同时，向违反了安全规定的应用发送安全工单，及时通知开发者修复安全漏洞。

②Non－hosting 应用

参考第三方应用开发安全规范，提供常见的安全漏洞定义以及修复方案。

③运维安全工单查看

腾讯云平台提供一站式安全平台，用来查看和管理运维安全信息。

2.业务安全层面

(1)Open API 审计信息查看

安全服务后台自动分析应用调用 Open API 的数据，基于活跃人数、访问量、频率、异常 IP 等多种维度鉴别出现访问异常的应用，并及时告警。

(2)防沉迷

腾讯为第三方应用提供了统一的防沉迷系统，防沉迷系统实现了大部分与防沉迷相关的功能，根据制定的弹框规则来实现防沉迷。

(3)反外挂

腾讯开放平台为保障接入应用的正常运营，提供了安全服务集合——反外挂系统，该系统会对外挂用户进行封号等打击策略。

3.信息安全层面

(1)敏感信息过滤

调用敏感词过滤接口。

(2)垃圾信息检查

符合申请条件的应用,可提交申请,然后调用垃圾信息检查接口。

(三)阿里云

阿里云借助自主创新的大规模分布式存储和计算等核心云计算技术,提供面向各行业、企业、个人和开发者的各类云计算产品及服务,如云服务器、开放存储服务、关系型数据库、开放数据处理服务、开放结构化数据服务、云盾、云监控等。

阿里云在云安全方面做出了许多的努力,安全性是其核心竞争力之一。阿里云在安全策略、组织安全、合规安全、数据安全、访问控制、人员安全、物理安全、基础设施安全、系统和软件开发及维护、灾难恢复及业务连续性等不同的层面进行部署,采取了多种保障云计算安全的措施。

1.数据安全层面

阿里云在保护数据的机密性、完整性、可用性方面制定了防范数据泄露、篡改、丢失等安全威胁的控制要求。同时,根据不同类别数据的安全级别,设计、执行、复查、改进各项云计算环境下的安全管理和技术控制措施。

2.网络安全层面

阿里云为隔离不同用户的云服务器或同一用户的多个云服务器提供了安全组机制,不同安全组之间采用防火墙隔离,一些常见的攻击能够被抵御。此外,阿里云以计算平台强大的数据分析能力为基础,提供了“云盾”,从而能够为网站提供 DDoS 攻击的防护、网站后门检测、主机密码暴力破解防御、异地登录提醒、网页漏洞检测、网页木马检测、端口安全检测等各种安全服务。

(四)华为

华为在云安全方面做出了许多努力,在保证计算资源的安全性方面提供了多层安全防护。

1.基础安全层面

通过系统加固、防病毒和安全补丁来避免安全威胁，如病毒入侵、漏洞攻击、木马、拒绝服务等。

2.网络安全层面

从网络隔离、攻击防护、传输安全等多个角度，通过网络划分、隔离手段实现计算、存储、管理、接入等域的隔离，从而保证网络安全性。

3.传输安全层面

采用SSL加密、SSL VPN接入等方式使信息在网络传输过程中的完整性、机密性和有效性得以保障。

4.虚拟化安全层面

重点考虑云主机的隔离和防护，以避免安全隐患蔓延至整个网络。

5.管理维护安全层面

系统支持集中的日志收集和存储，通过部署日志审计系统，满足运营商的审计需求。

(五)天翼云

天翼云计算提供了面向对象存储(OOS)服务，并从多个层面对数据的安全性进行保护。

1.数据传输层面

Web门户和REST接口都是通过HTTPS协议进行用户数据访问和操作的，目的是确保数据传输中没有安全死角。

2.数据存储层面

OOS提供全方位的访问控制策略，每个针对OOS的数据请求都需要进行签名验证。每个对象都包括公有、私有、只读三种属性，对象的拥有者对该对象有灵活的访问控制权。

(六)道里云

BLP—Cloud防数据泄露系统是由道里云自主研发的一款云安全操作系统，它的特点是将操作系统分割成上下两个操作系统。下操作系统安全级别较低，用于连接到网络，可以是开放的、通信不受限制的各种平台，让用户不受限地获得与共享信息。上操作系统安全级别较高,它被 HRoT－MLE 密封隔离,受到严格的安全保护。

BLP－Cloud 可以运行于云数据中心,用户数据不会被数据中心内部人员获取,更不会向外泄露,从而能够更好地保证云环境下用户数据信息的安全。

第二节　云计算安全事件与云计算安全体系

一、云计算安全事件

近年来,云计算安全事件频频发生,为云计算的发展敲响了警钟,也让人们更深刻地认识到云计算安全的重要性以及加强云计算安全的紧迫性。

(一)云计算中隐私被窃取

随着时代的发展,人们经常运用网络进行交易或购物,网上交易在云计算的虚拟环境下进行,交易双方会在网络平台上进行信息的沟通与交流。网络交易存在着很大的安全隐患,不法分子可以通过云计算对网络用户的信息进行窃取,同时还可以在用户与商家进行网络交易时,窃取用户和商家的信息。当不法分子在云计算平台中窃取信息后,就会采用一些技术手段对信息进行破解,以此发现用户更多的隐私信息。

(二)云计算中资源被冒用

云计算环境有着虚拟的特性,用户通过云计算在网络中进行交易时,需要在保障双方网络信息都安全时再进行网络的操作,但是云计算中储存的信息很多,云计算环境也比较复杂,云计算中的数据会出现滥用的现象,这样会影响用户的信息安全。同时,一些不法分子会利用盗用的信息进行欺骗用户的行为,还会有一些不法分子利用在云计算中盗用的信息进行违法的交易,使云计算的用户遭受损失。这些都是由云计算中信息被冒用引起的,严重威胁了云计算的安全。

(三)云计算中容易出现黑客的攻击

黑客攻击指的是利用一些非法的手段进入云计算的安全系统,给云计算的安全网络带来一定破坏的行为。黑客入侵到云计算后，给云计算的操作带来未知性，造成的损失无法预测。黑客入侵给云计算带来的危害大于病毒给云计算带来的危害。此外，黑客入侵的速度远大于安全评估和安全系统的更新速度，使得黑客入侵给云计算带来巨大的损失。目前无法对黑客攻击进行预防，这也是造成当今云计算不安全的问题之一。

(四)云计算中容易出现病毒

在云计算中，会出现一些病毒，这些病毒的出现会导致以云计算为载体的计算机无法正常工作。同时，这些病毒还能进行复制，并通过一些途径进行传播，导致以云计算为载体的计算机出现死机的现象。因为互联网的传播速度很快，一旦出现病毒，就会很快地进行传播，这样会产生很大的攻击力。

二、云计算安全体系

云计算面临着各种安全挑战及风险，云计算安全体系的主要目标是实现云计算应用及数据的机密性、完整性、可用性和隐私性等。

(一)云计算安全模块

1.基础设施安全

服务器系统安全、网络管理系统安全、域名系统安全、网络路由系统安全、局域网和 VLAN 配置等都属于基础设施安全的范畴。可以通过安全冗余设计、漏洞扫描与加固安全措施来实施保护。

由于云计算环境的业务具有持续性，在部署设备的时候还必须考虑到高可靠性的支持，如双机热备、配置同步、链路捆绑聚合及硬件 Bypass(旁路)等，从而实现大流量汇聚情况下的基础安全防护。

2.虚拟化安全

虚拟化安全涉及两个层面：一是虚拟技术本身的安全，二是虚拟化引入的新的安全问题。虚拟机(VM)技术是一种最为常见的虚拟技术，需考虑 VM 内的进程保护。可以通过虚拟镜像文件的加密存储和完整性检查、VM 的隔离和加固、VM 访问控制、虚拟化脆弱性检查、VM 进程监控、VM 的安全迁移等安全措施来实施防护。

3.数据传输安全

在云计算环境下,有网络传输和物流传输两种数据传输方式。根据数据传输时间的不同可以采用不同的传输方式。物流传输的方式更适合超大型数据中心的迁移,这样有利于节省成本。

对于不同的传输方式,可以有不同的安全措施。对于网络传输,可以充分利用现有网络安全技术成果;对于物流传输,可以制定一系列完善的管理制度和办法。

4.接口安全

IaaS 提供服务的理想状态是向用户提供一系列的 API,允许用户管理基础设施资源,并进行其他形式的交互。应避免利用接口对内和对外进行攻击等非法行为。可以通过对用户加强身份认证、加强访问控制等安全措施实施保护。

5.模块集成安全

云计算中不同功能模块的集成存在很大困难。XML 是把数据从一个基于 Web 的系统移到另一个类似系统的最简单的方法,但是在云计算环境下,将不得不整合 Web 系统和非 Web 系统,而且是在云计算系统和内部系统混合的环境下进行整合。这也从另一个角度说明了模块集成安全评估存在一定程度的困难。对于某功能模块,用户可以尝试使用不同的 API,并进行大量的测试工作,保证应用的速度和流畅性。

6.中间件安全

云计算的出现使得同一应用可在智能手机、平板电脑等多个终端实现。由于不同类型的智能终端具有不同的操作系统,需要采用针对不同操作系统的中间件来保证业务的一致性。中间件的安全是非常重要的,可以采用数据加密技术、身份认证技术等安全措施来实施保护。

7.应用安全

在云计算中,对于应用安全,尤其需要注意的是 Web 应用的安全。因为云计算的应用主要是通过 Web 浏览器来实现的。要保证 SaaS 的应用安全,需要在应用的设计开发之初就制定适合 SaaS 模式的安全开发生命周期(SDL)规范和流程,从整个生命周期上去考虑应用安全。可以采用访问控制、配置加固、部署应用层防火墙等安全措施来实施保护。

8.内容安全

在云计算环境中,用户的应用数据主要存储于云计算的数据中心。云计算系统支持对用户数据进行加密以保证数据安全。由于各国的信息安全法律法规具有差异,特定情况下,有些国家的政府有权依据特定程序对其国内的数据中心进行内容审计。上述两者之间形成一定的矛盾,从而在客观上加大了内容审计的难度。目前,还需要对加密数据的检索技术进行进一步研究,以加强云计算的内容安全。

(二)支撑性基础设施

1.数据安全

数据安全就是保障数据的保密性、完整性、可用性、真实性、授权、认证和不可抵赖性。可以采用对不同的用户数据进行虚拟化的逻辑隔离、使用身份认证及访问管理技术等安全措施来实施保护。

2.用户认证及访问管理

用户认证及访问管理是保证云计算安全运行的关键所在。自动化管理用户账号、用户自助式服务、认证、访问控制、单点登录、职权分离、数据保护、特权用户管理、数据防丢失保护措施与合规报告等传统的用户认证及访问管理直接影响着云计算的各种应用模式。

3.密钥分配及管理

密钥分配及管理提供了对受保护资源的访问控制。加密是云计算各种应用模式中保护数据的核心机制,而密钥分配及管理是数据保密的关键。

4.灾难备份与恢复

在各种应用模式中,云计算提供商必须提供持续服务的能力,即在出现诸如火灾、长时间停电以及网络故障等严重、不可抗拒的灾难时,服务不中断。

云计算提供商还需要具备服务迁移能力,即当需要更换云计算提供商时,原提供商需提供业务迁移办法,维持用户的业务不中断。

5.安全事件管理及审计

在云计算的各种应用模式中,为了能够更好地监测、发现、评估安全事件,并且对安全事件及时有效地做出响应，需要对安全事件进行集中管理，从而预防类似安全事件的多次发生。

第三节　云安全关键技术与云安全管理

一、云安全关键技术

（一）加密与密钥管理

采用数据加密技术可以实现用户信息在云计算共享环境下的安全存储与安全隔离，而加密算法的健壮性依赖于良好的密钥管理技术。采用适当的数据加密算法可以防止用户数据被偷窃、攻击和篡改。同时，密钥管理也是实现用户身份鉴别与认证的前提。

（二）身份认证与访问管理

企业用户在将 IT 业务迁移到云计算时，需要考虑如何将已有的身份认证与访问管理技术迁移到云计算平台中。例如，用户账号的发放和回收、认证联合等。

云计算给传统的数字密码学理论提出了重大的挑战，许多过去认为不可行的攻击方式，在云计算的环境下需要重新评估。同时，云计算带来的网络接入宽带化、终端智能化，也给基于生物特征的身份识别技术带来了新的发展契机。

（三）用户隔离

用户隔离技术最早出现在防范病毒等领域，为了使用户程序安全运行，引入沙箱技术，使程序运行在一个隔离的环境中，并不影响本地系统。沙箱技术最早出现在 Java 中，用来临时存放来自网络的数据和信息，当网络会话结束后，服务器端保存的数据和信息也会被清除，从而有效地降低了外来数据对本地系统的影响。沙箱只能暂时保存外来信息，从而能够有效地隔离外来数据。

不同类别的云计算平台给用户提供了各种各样的应用服务、计算服务和存储服务等，每个用户都有不同的需求，每个应用程序都需要存储数据和计算服务，保证应用服务的运行和数据的存储以及计算服务之间不会发生数据冲突的常用技术之一就是隔离机制，不同的层次采用不同的隔离机制。

(四)安全审计

安全审计是采用数据挖掘和数据仓库技术，在不同网络环境中实现对终端的监控和管理，在必要时能通过多种途径向管理员发出警告或自动采取排错措施，能对历史数据进行分析、处理和追踪。

二、云安全管理

(一)云安全管理的框架

云计算是架构在传统的软硬件等基础设施上的一种新型的服务交互和使用模式，云计算除了面临传统 IT 架构下会出现的一些安全风险外，还面临着一些新的安全风险。传统的、单一的信息系统安全管理框架已经不能满足云安全管理的需求，云安全管理必须综合考虑多种因素，融合多类框架。

(二)云安全管理的流程

云安全管理作为保障云安全的重要一环，需要在参照信息安全管理体系的基础上，结合云计算自身的特点以及云计算中部署的各项安全技术，构建出云安全管理的流程，有层次、有针对性地部署安全管理措施，形成一个完整的、切实有效的云安全管理体系。

1.云安全管理的规划阶段

在云安全管理的规划阶段，首先要规划出云安全管理体系的整体目标，为各项管理措施的制定和检查提供指导；其次要为云安全管理提供组织保障，使云安全管理能够顺利进行。

云安全管理体系作为云安全体系的重要组成部分，其主要目标是通过各项管理措施增强云服务的安全性，并且在安全和性能之间达到平衡。

(1)安全保障

云安全管理体系需要通过实施各项管理措施，保障安全技术的有效性、安全产品的可用性以及人为操作的合规合法性,从而保障云计算安全。

(2)性能保障

为了实施云安全管理方案,必然要部署一些安全管理产品,这些设备在工作时可能需要对流经的数据进行捕获和分析,可能会降低云服务对用户请求的响应速度,影响云服务的性能。因此,在设计云安全管理方案时,一定要考虑安全产品的部署和运行对云服务性能的影响,在高安全和高性能之间达到一个平衡。

云安全管理组织体系应包括云安全管理领导体系、指导体系、管理体系和安全审计监督体系这四个子体系,不同的子体系有不同的职责。

2.云安全管理的实施阶段

在云安全管理的实施阶段,需要建立起云安全管理体系的基本框架,明确应该从哪些方面部署云安全管理措施。云安全技术和云安全管理是云安全体系的两大组成部分,二者相辅相成、不可分割。云安全管理体系可依照云安全技术体系进行构建。

云安全管理体系按照自下向上的顺序可分为三层:物理安全管理、IT 架构安全管理和应用安全管理。

(1)物理安全管理

物理安全管理的目的是保障云计算中心周边环境的安全及云计算中心内部资产的安全。

①资产的分类和管理

云服务提供商需要指定特定人员,对云计算中心的软硬件等资产进行统计并形成资产清单,资产清单中应包括资产类型、资产数量、资产所在位置、许可证信息、资产的价值等信息,便于随时进行查验。另外,需要根据资产的价值和安全级别对资产进行分类,确定各类资产的保护级别。

②安全区域管理

对存储及处理敏感信息的区域,需要部署适当的访问控制措施,以确保只有授权的人员才能进入这些区域,且要对访问者的姓名、进入和离开安全区域的时间进行记录,要有相关人员监督访问者在安全区域进行的所有操作,使用摄像头对各种行为进行监控等。

③设备管理

首先要保护设备不被窃取,并采取一定的保护和控制措施,将火灾、爆炸、烟雾、水电故障等事故对设备性能的影响降到最低。要重点保护存储和处理敏感信息的设备,采取访问控制措施来防止非授权访问导致的敏感信息泄露。另外,要定期对设备进行检查和维修,将设备出现的故障及维修信息记录下来。

④日常管理

需要增设巡逻警卫和看守人员,对云计算中心周围的环境进行监管,并及时查看摄像头中记录的信息,发现异常情况及时上报。这些人员的上下班信息也应有详细记录,以便在出现安全事故时追究相关人员的安全责任。

(2)IT 架构安全管理

IT 架构既包括网络、主机等基础设施的部署,也包括各种虚拟化技术的使用。IT 架构安全管理的目的是保障 IT 架构中基础设施的正常工作以及虚拟化平台的安全。

(3)应用安全管理

应用安全管理处于云安全管理体系的最顶层,云用户在通过身份认证之后,以相应的权限来访问和使用云服务平台中的各种应用。应用安全管理的主要目标是对用户的身份和权限进行管理,防止非授权的访问和操作,并防止不良信息的流传。为达成该目标,可从身份管理、权限管理、策略管理和内容管理这四个方面部署管理措施。

3.云安全管理的检查阶段

在云安全管理的检查阶段,需要对云安全管理体系的各个方面进行审查,以评估云安全管理的各项措施是否有效,云安全管理方案是否全面合理,发现可能影响云安全的措施和事件。审查过程和结果需要有详细的记录,以便为改进云安全管理体系提供指导。

4.云安全管理的处理阶段

在云安全管理的处理阶段,需要根据检查阶段生成的审查记录纠正管理过程中的不足,并预防可能出现的问题。

(1)如果云安全管理体系不符合法律法规的要求,则需要咨询有经验的法律顾问或合格的法律从业人员，获取改进建议。

(2)如果不符合相关标准的要求，则需要向专门从事该标准研究工作的研究人员进行咨询。

(3)如果管理措施存在不足，则需要咨询安全管理人员或信息安全领域有经验的技术人员，根据他们的建议来改进或增加管理措施。

另外，该阶段做出的所有改进措施都应有详细的记录，且该记录需要和审查记录一一对应，以便于核实改进措施是否有效。

(三)云安全管理的重点领域分析

1.安全策略管理

安全策略是一个单位或组织机构对该单位或组织机构的所有资产的管理、保护、分配和使用进行控制的规则、指令和实践。安全策略是有效实施安全防御机制的基础，在没有创建安全策略、标准、指南和流程等安全防御基础的情况下制定技术解决方案，往往会导致安全控制机制目标不集中、效率不高。

为了确保安全策略的正确执行，每个云安全管理人员都需要了解安全策略，参与安全策略制定过程，接受关于安全策略的系统培训。安全策略管理要注重安全策略的制定和安全策略的执行。在制定安全策略时，需要根据法律标准的相关规定、安全需求、安全威胁来源和云服务提供商的管理能力来定义安全对象、安全状态及应对方法。要特别注意安全策略的一致性和协作性，策略之间不能相互冲突，否则会导致策略失效。另外，要进行安全策略的生命周期管理，随着技术的发展、时间的推移，安全策略要不断地进行更新和调整，保证安全策略的有效性。

2.网络安全管理

云服务中的通信网络由以下两部分组成：

(1)云服务平台内部的通信网络。云服务平台内部的通信网络应纳入云安全管理体系中进行实时、统一管理。

(2)云服务平台和外部环境之间的通信网络。云服务平台和外部环境之间的通信网络不在云服务提供商的控制范围内，因此云服务提供商需通过访问控制、在网络接口处部署网络安全设备等措施防止来自外部网络的非授权访问、恶意攻击等不法行为。

云平台中的网络安全管理要侧重于对网络安全要素的管理。在诸多网络安全要素中，网络安全策略、网络安全配置、网络安全事件和网络安全事故这四个要素最为关键。

云平台中的网络安全管理要依赖于大量的防火墙、IDS/IPS、VPN系统等网络安全设备来进行，由于这些设备来自不同的厂商，没有统一的标准接口，无法进行信息交流，安全设备之间无法实现协作，不能形成安全联动机制，不能提供统一的预警、自动响应等功能，极大地降低了网络安全管理的效果。网络安全管理员需要建立一个规范的网络安全管理平台，对各种安全设备进行统一管理。

3.安全监控与告警

安全监控是一种保障信息安全的有效机制。在云安全管理中，安全监控与告警涉及云服务平台的各个层面。

4.人员管理

信息安全人员对于一个企业的信息安全来说非常关键。在云服务中，大量用户的海量数据都存储在云服务提供商处，对于云安全来说，人员管理显得更加重要。

第四节　云安全标准及云安全评估

一、云安全标准

（一）传统信息系统的安全标准

多年来，我国在有关部门的支持下，在国内有关专家、企业的共同努力下，制定了信息安全等级保护工作需要的一系列标准，供有关单位、部门使用，对信息系统整个生命周期过程中的安全技术和安全管理工作进行指导。

等级保护工作过程中所需的所有标准组成了信息安全等级保护标准体系，

可以从多个角度对整个标准体系进行分类。从基本类型来看，可以分为基础类标准、技术类标准、管理类标准；从对象来看，可以分为基础标准、系统标准、产品标准、安全服务标准和安全事件标准等；从等级保护生命周期来看，可以分为通用/基础标准、系统定级用标准、安全建设用标准、等级评估用标准和运行维护用标准等。

《计算机信息系统 安全保护等级划分准则》是等级保护的基础性标准。该标准在系统、科学地分析计算机信息系统安全问题的基础上，有效结合我国信息系统建设的实际情况，立足于技术层面将计算机信息系统安全保护等级划分为五个级别，从第一级到第五级逐级增强。

(二)云平台构建的安全标准

云计算在架构、服务模式、部署方式等方面都区别于传统信息系统，需要根据云计算的特点提出新的安全标准或对原标准进行适用性修订。

云计算信息安全标准化是一项长期的系统工程，不是一朝一夕可以完成的，需要有关产品、系统、设施的研发者、建设者、运营管理者共同参与，通过统一领导、统筹规划、各方参与、分工合作，使我国云计算信息安全标准化体系得到逐步完善，实现云计算信息安全产品生产、系统建设和检查评估的标准化、规范化。云计算安全相关标准见表 5—3。

表 5—3　云计算安全相关标准

类别	参考标准
基础/框架类标准	云安全术语
	云安全框架
	云计算信息系统安全等级保护定级细则
	云计算数据中心安全建设指南
	云计算信息系统安全等级保护实施指南
	政府部门云计算安全指南
	公有云安全指南

续表

类别	参考标准
安全技术类	行业云计算信息系统安全等级保护基本要求
	云计算安全审计通用数据接口规范
	可信云计算体系架构及软件规范
	政府部门云计算服务提供商安全基本要求
	云计算的授权与鉴别机制
	云计算数据保护指南
	云计算通信安全标准
	基于云计算的个人隐私保护框架
	云平台安全配置管理指南
	云计算安全审计要求
	云计算的信息安全持续监控指南
	云安全控制措施
	多租户安全接入规范
管理/服务类	云计算服务安全指南
	云计算服务安全能力要求
	云安全服务评估规范
	云安全服务功能及其符合性评估规范
	云安全服务质量协商标准
	云安全服务通用要求
	云安全服务的资质管理
	云安全管理
产品类	云操作系统安全检验要求
	桌面云安全规范
	云防火墙通用技术要求

二、云安全评估

（一）云安全评估的实现

1.传统信息系统评估流程和方法

目前，安全等级评估是较为成熟且已经实现体系化的系统安全评估方法，该方法以国家标准要求为标尺，结合行业或用户自身安全需求对信息系统的安全保护能力进行综合评价。等级评估过程可以分为以下四个步骤：评估准备、方案编制、现场评估以及分析与报告编制。评估双方之间的沟通与洽谈在整个等级评估过程中均有所体现。具体等级评估过程见表 5－4。

表 5－4　等级评估过程

等级评估过程	具体内容
评估准备	评估机构启动评估项目，组建评估项目组；通过对被测系统的相关资料信息的收集和分析，掌握被测系统的大体情况；准备评估攻击和表单等评估所需的相关资料，为评估方案的编制做好准备工作
方案编制	评估机构确定评估对象和评估指标，对测试工具接入点进行选择，从而进一步确定评估实施内容，并从已有的评估实施手册中选择本次需要用到的评估实施手册，没有评估实施手册的应开发相应的评估实施手册，完成评估方案的编制工作
现场评估	评估机构应与评估委托单位就评估方案达成一致意见，并进一步确定评估配合人员，实施手册中的各项评估内容都要实现评估，获取足够的评估证据
分析与报告编制	评估人员通过分析现场评估获得的评估证据和资料，对单项评估结果及单元评估结果进行判定，并进行整体评估和风险分析，形成等级评估结论，并编制评估报告

信息系统安全等级评估分为单元评估、系统整体评估和综合分析。其中，系统整体评估和综合分析的基础是单元评估，而单元评估和系统整体评估的结果

是综合分析的基础。在进行单元评估和整体评估时，需要使用评估指标选择方法、评估对象选择方法、单项评估方法和整体评估方法等。根据被测系统定级结果来确定评估指标的方法即为评估指标选择方法。评估对象选择方法主要采取抽样方法。单项评估方法是指评估人员依据单项评估目的和评估内容选取的、实施特定评估操作的方法。整体评估方法可以采取从正向进行分析的方法，如安全控制间、层面间和区域间相互作用的安全评估以及系统结构的安全评估；也可以采取从反向进行分析的方法，如攻击图等。

在进行综合分析时，综合评价方法是经常使用的方法。综合采用访谈、检查和测试三种评估方法来实现等级评估中单项评估证据的获取，具体如下：

（1）访谈

访谈是指评估人员通过与被评估单位的相关人员进行交谈和问询，获得信息系统技术和管理方面的一些基本信息，确认评估内容。进行访谈时，访谈对象为信息安全主管、信息系统安全管理员、系统管理员、网络管理员、人力资源管理员、设备管理员和用户等。

（2）检查

检查是指评估人员通过简单比较或基于专业知识进行分析的方式来获得评估证据的方法。评审、核查、审查、观察、研究及分析等是比较常用的方式。典型的检查包括信息系统的安全策略、安全建设方案、安全工程实施过程的评审，系统设计文档和说明书的分析，系统备份操作的检查，事件处置演练的评审和分析，事件响应操作和过程的核查，安全配置设置的检查，技术手册和用户/管理手册的分析。

（3）测试

测试是指评估人员根据被测系统的实际情况，对信息系统进行验证评估。安全机制的功能测试、安全配置的功能测试、信息系统及其关键组件的渗透测试、信息系统备份操作的功能测试等都是典型的测试。

2.云计算平台评估流程和方法

云计算平台并未完全脱离传统信息系统，仍然具有传统信息系统的特点，针对云计算平台的等级评估方法与传统的信息系统等级评估方法具有一致性。云计算平台也有其特殊性，如服务模式不同、资源的动态分配、云服务提供商部分服务外包或购买其他服务等。

明确定级对象是针对云计算平台开展等级评估工作首先需要进行的。《信息系统安全等级保护定级指南》中明确，作为定级对象的信息系统应具有唯一确定的安全责任单位，承载单一或相对独立的业务应用。然而，云计算平台作为定级对象则是有一定差异的，云计算平台要为不同的用户提供不同的服务，在云计算平台上需要承担多个用户的不同业务、不同数据，云服务提供商要为不同的管理责任主体提供相应的云服务，虚拟化技术使用户与用户业务之间的独立边界变得模糊甚至彻底消失。针对云计算平台提出“双向”定级方法，具体如下：

第一，云平台的安全保护能力等级由云服务提供商负责确定。云平台服务商根据自身的安全建设能力、安全服务能力以及安全控制措施实现情况，委托独立的第三方评估机构开展等级评估，对提供的服务模式以及云平台安全级别进行确定，该级别为云平台安全保护能力等级。

第二，用户根据数据和业务的重要程度，明确业务系统安全级别。该级别为业务系统安全等级。

理论上来说，云服务提供商向高于云平台安全保护能力等级的业务系统提供服务是不被允许的；反之，用户不应该选择低于自身业务系统安全级别的云平台承载业务或处理数据。

云计算平台确定安全保护等级后，可以选择独立的第三方评估服务机构开展等级评估活动。一般而言，可以由云服务提供商发起等级评估活动。通过等级评估，发现被评估云计算平台与国家相应等级标准之间的差距及其存在的主要安全问题和隐患，使云计算平台达到相应等级的安全防护能力、云服务商具有相应等级的安全管理能力，为用户选择云服务商提供参考依据。

独立构建和多方参与两种情况在云计算平台中是比较常见的，不同情况下的评估方法和流程存在一定的差异，具体如下：

第一，独立构建。云计算平台中的基础设施、软硬件都由云服务提供商自行提供，这种构建模式的等级评估流程和方法与传统等级评估相同。

第二，多方参与。云服务提供商可能租用其他提供商的基础设施平台或者购买其他服务提供商的应用软件，在这种情况下，评估方法和整个评估实施过程与传统等级评估的差别不明显，但由于不同评估对象或指标实现责任主体的不同，会给第三方评估机构的评估实施过程带来一定的困难，需要与多方进行沟通协调，共同配合完成等级评估工作。

当然,也可以由用户发起等级评估。在这种情况下,需要由用户牵头,云服务提供商配合,共同完成承载用户数据或业务系统的云平台的安全等级评估。

综上所述,从本质上来说,云平台安全等级评估流程和方法与传统等级评估是一致的,区别主要体现在安全评估技术上。安全评估技术主要包括分布式数据中心、虚拟化(包括主机虚拟化、网络虚拟化以及存储虚拟化)安全评估、云计算数据安全评估(如存储备份、数据保护以及数据隔离)、基于云平台的应用评估。目前,尚需对具体技术的评估手段和方法做进一步的研究和探讨。

(二)云安全评估的指标体系

我国的信息系统等级保护体系分为技术与管理两部分,规范比较全面,在云计算平台中也能够很好地适用。由于云计算安全评估涉及面很广,不确定因素很多,使得技术和管理两个方面的评估指标与传统信息系统存在一定的差异,具体见表5—5。

表5—5 云安全评估的新增指标

评估层面划分		新增指标
技术方面	主机安全	虚拟化主机防护
	网络安全	网络虚拟化安全
	应用安全	代码和接口安全
	数据安全与备份恢复	数据挖掘保护、数据移植
管理方面	安全管理	服务水平协议管理
	系统建设管理	供应链安全管理
	系统运维管理	合规性管理

以《信息安全技术 网络安全等级保护基本要求》(GB/T 22239—2019)中技术和管理两大方面的指标为基础(包括物理安全、网络安全、主机安全、应用安

全、数据安全和备份恢复等五大技术指标，以及安全管理制度、安全管理机构、人员安全管理、系统建设管理和系统运维管理等五大管理指标)，以结合云计算安全特点新增的技术指标(服务水平协议管理)为补充，实现云计算安全评估指标体系的构建，见表5—6。

表5—6　云计算安全评估指标体系清单

评估指标		评估内容
技术方面	物理安全	物理位置，物理访问，防盗窃和破坏，防雷击，防火，防水防潮，防静电，温湿度控制，电力供应以及电磁防护
	网络安全	结构安全，网络虚拟化安全，网络访问控制，网络安全审计，网络入侵防范，网络恶意代码防范，网络设备防护以及网络虚拟化安全
	主机安全	主机身份鉴别，主机访问控制，主机安全审计，主机剩余信息保护，主机恶意代码防范，主机入侵防范，系统资源控制，虚拟化主机防护
	应用安全	应用身份鉴别，应用访问控制，应用安全审计，应用剩余信息保护，抗抵赖，软件容错，应用资源控制以及代码与接口安全
	数据安全和备份恢复	数据完整性，数据保密性，数据备份与恢复，数据移植，数据挖掘保护
管理方面	安全管理制度	管理制度的制定和发布，评审和修订
	安全管理机构	岗位设置，人员配备，授权与审批，沟通与合作，审核与检查
	人员安全管理	人员录用，人员考核，人员离岗，人员安全意识教育与培训以及外部人员访问与管理
	系统建设管理	系统定级，安全方案设计，产品采购与使用，自行软件开发，外包商开发，工程实施，测试验收，系统交付，安全服务商选择以及供应链安全管理
	系统运维管理	环境管理，资产管理，设备管理，网络安全管理，系统安全管理，恶意代码防范管理，密码管理，备份恢复，安全事件处置，应急预案管理，变更管理，备份和恢复管理，服务关闭与移植管理以及合规性管理
	服务水平协议管理	云计算服务内容，责任与权限，惩罚措施，第三方服务水平监管，服务水平的提升

第六章

计算机网络安全风险与评估

第一节　计算机网络安全评价标准

一、网络安全评价标准概述

随着计算机网络的广泛应用，网络安全问题变得日益突出。如何评估网络的安全性，如何最大限度地减少或避免因信息泄露、破坏所造成的经济损失，是急需解决的、具有重大战略意义的课题。

（一）国内评价标准

我国政府提出计算机信息系统实行安全等级保护，并颁布了《计算机信息系统 安全保护等级划分准则》(GB 17859—1999，以下简称《准则》)。它是我国计算机信息系统安全保护等级工作的基础。

《准则》将计算机信息安全保护划分为五个级别。

1.第一级：用户自主保护级

本级的计算机防护系统能够把用户和数据隔开，使用户具备自主的安全防护的能力。用户可以根据需要，采用系统提供的访问控制措施来保护自己的数据，避免其他用户对数据的非法读写和破坏。

2.第二级：系统审计保护级

与第一级(用户自主保护级)相比，本级的计算机防护系统访问控制更加精细，使得允许或拒绝任何用户访问单个文件成为可能，通过登录规则、审计安全性相关事件和隔离资源，使所有的用户对自己行为的合法性负责。

3.第三级:安全标记保护级

在该级别中,除继承前一个级别(系统审计保护级)的安全功能外,还提供了有关安全策略模型、数据标记以及严格访问控制的非形式化描述。系统中的每个对象都有一个敏感性标签,每个用户都有一个许可级别。许可级别定义了用户可处理的敏感性标签。系统中的每个文件都按内容分类,并标有敏感性标签。任何对用户许可级别和成员分类的更改都受到严格的控制。

4.第四级:结构化保护级

本级计算机防护系统建立在一个明确的形式化安全策略模型上,它要求第三级(安全标记保护级)系统中的自主和强制访问控制扩展到所有的主体(引起信息在客体上流动的人、进程或设备)和客体(信息的载体)。系统的设计和实现要经过彻底的测试和审查。系统应结构化为明确而独立的模块,实施最少特权原则。必须对所有目标和实体实施访问控制政策,要有专职人员负责实施。要进行隐蔽信道分析,系统必须维护一个保护域,保护系统的完整性,防止外部干扰。系统具有相当的抗渗透能力。

5.第五级:访问验证保护级

本级的计算机防护系统满足访问监控器的需求。访问监控器仲裁主体对客体的全部访问。访问监控器本身是抗篡改的,必须足够小,能够分析和测试。为了满足访问监控器的需求,在构建计算机防护系统时,排除那些对实施安全策略来说并非必要的部件,即在设计和实现时,从系统工程角度将其复杂性降到最低程度。支持安全管理员职能。扩充审计机制,当发生与安全相关的事件时,发出信号。提供系统恢复机制。系统具有很高的抗渗透能力。

我国是国际化标准组织的成员国,信息安全标准化工作在全国信息技术标准化技术委员会和社会各界的努力下正在积极开展。从 20 世纪 80 年代中期开始,我国就已经自主地制定和采用了一批信息安全标准。

(二)共同标准

国际标准化组织于 20 世纪 90 年代开始着力研究一个共同标准。1993 年,德国、法国、荷兰、英国、加拿大和美国这 6 个国家的 7 个部门联合在一起,将其标准组合成一个单一的全球标准,即信息技术安全评估共同标准(CCITSE),通常称为共同标准(CC)。

1.绪论和总体模型

绪论和总体模型为 CC 的第一部分，该部分是对 CC 的介绍，定义了安全评估的总体概念和原则，并给出了一个总体的评估模型。

2.安全功能要求

安全功能要求为 CC 的第二部分，建立了一套功能要求组件，作为表达评估对象功能要求的标准方法。

3.安全保证要求

安全保证要求为 CC 的第三部分，建立了一套保证要求组件，作为表达评估对象保证要求的标准方法，也给出了已经定义好的 CC 评估保证级别(EAL)。

CC 评估保证级别通常有 7 个，即 EAL1～EAL7。

(1)EAL1 保证级

EAL1 保证级为最低的保证级别，它定义了最低程度的保证，以产品安全性能分析为基础，以使用功能和接口设计来理解安全行为。

(2)EAL2 保证级

EAL2 保证级是在不需要强加给产品开发人员除 EAL1 要求的任务之外的附加任务的情况下，可授予的最高保证级别。它执行对功能和接口规范的分析以及对产品子系统的高级设计检查。

(3)EAL3 保证级

EAL3 保证级是一种中间的独立确定的安全级别，该级别允许在设计阶段给予最大的保证，而在测试过程中几乎不加修改。最大的保证是指在设计时已经考虑到安全问题，而不是设计完之后再实现安全性。开发人员必须提供测试数据，包括易受攻击的分析，并有选择地加以验证。

(4)EAL4 保证级

EAL4 保证级是改进已有生产线可行的最高保证级别。它向用户提供了最高的安全级别，是以良好的商业软件开发经验为基础的。除了具有 EAL3 保证级的内容外，EAL4 保证级还包含对产品的易受攻击性进行独立的搜索。

(5)EAL5 保证级

EAL5 保证级对现有的产品来说是不易实现的，该级别适用于要求较高保证级别的开发人员和用户。开发人员必须提出设计规范以及确定如何从功能上实现这些规范。

(6)EAL6 保证级

EAL6 保证级包含一个半正式的验证设计和测试组件，并包含 EAL5 级的所有内容。除此之外，还应提出实现的结构化表示。同时，产品要经受高级的设计检查，而且必须保证具有高度的抗攻击性能。

(7)EAL7 保证级

EAL7 保证级用于最高级别的安全应用程序。EAL7 包含完整的、独立的、正式的设计、测试和验证。

二、信息系统安全等级保护的应用

(一)信息系统安全等级保护通用技术要求

通用技术要求共分六个部分。

前三个部分主要介绍通用技术要求的应用范围、规范性引用文件，以及术语和定义。

第四部分是安全功能技术要求。对计算机信息系统安全功能的实现进行了完整的描述，并对实现这些安全功能所涉及的所有因素做了较为全面的说明。

安全功能包括物理安全、运行安全和信息安全三个方面。

物理安全也称实体安全，是指包括环境设备和记录介质在内的所有支持信息系统运行的硬件的安全，它是一个信息系统安全运行的基础。计算机网络信息系统的实体安全包括环境安全、设备安全和介质安全。

运行安全是指在物理安全得到保障的前提下，为确保计算机信息系统不间断运行而采取的各种检测、监控、审计、分析、备份及容错等的方法和措施。

信息安全是指在计算机信息系统运行安全得到保证的前提下，对在计算机信息系统中存储、传输和处理的信息进行有效的保护，使其不因人为的或自然的原因被泄露、篡改和破坏。

第五部分是安全保证技术要求。为了确保所要求的安全功能达到所确定的安全目标，必须从 TCB 自身安全保护、TCB 设计和 TCB 安全管理三个方面保证安全功能从设计、实现到运行管理等各个环节严格按照所规定的要求进行。

TCB 自身安全保护是指：一方面，提供与 TSF 机制的完整性和管理有关的保护；另一方面，提供与 TSF 数据的完整性有关的保护。它可能采用与对用户数据安全保护相同的安全策略和机制，但其所要实现的目标是不同的。前者是为了自身更健壮，从而使其所提供的安全功能更有保证；后者则是为了实现其直接提供的安全功能。

第六部分是安全保护等级划分要求。安全功能主要说明一个计算机信息系统所实现的安全策略和安全机制符合哪一等级的功能要求。安全保证则是通过一定的方法保证计算机信息系统所提供的安全功能达到确定的功能要求和强度。

(二)信息系统安全等级保护网络技术要求

网络技术要求共分七个部分。

前三个部分主要介绍网络技术要求的应用范围、规范性引用文件，以及术语和定义。

第四部分是概述，主要描述一般性要求、安全等级划分、主体和客体、TCB、引起信息流动的方式、密码技术和安全网络系统的实现方法。

第五部分是网络的基本安全技术，对各种安全要素的策略、机制、功能、用户属性定义、安全管理和技术要求等做了具体的说明。主要描述自主访问控制、强制访问控制、标记、用户身份鉴别、剩余信息保护、安全审计、数据完整性、隐蔽信道分析、可信路径、可信恢复、抗抵赖和密码支持等内容。

第六部分是网络安全技术要求，说明不同安全等级在安全功能方面的特定技术要求。

第七部分是网络安全等级保护技术要求，主要针对七层网络体系结构中的每一层，介绍各个网络安全等级的具体要求，以及每个等级中对各个安全要素的具体要求。同时，针对每个安全等级，介绍网络体系结构中每层的具体要求，以及每层对各个安全要素的具体要求。

网络系统安全体系结构是由物理层、链路层、网络层、传输层、会话层、表示层以及应用层的信息系统所组成的。

根据ISO/OSI的七层体系结构，网络安全机制在各层的分布如下：

（1）物理层：数据流加密机制。

（2）链路层：数据加密机制。

（3）网络层：身份认证机制、访问控制机制、数据加密机制、路由控制机制、一致性检查机制。

（4）传输层：身份认证机制、访问控制机制、数据加密机制。

（5）会话层：身份认证机制、访问控制机制、数据加密机制、数字签名机制、交换认证（抗抵赖）机制。

（6）表示层：身份认证机制、访问控制机制、数据加密机制、数字签名机制、交换认证（抗抵赖）机制。

（7）应用层：身份认证机制、访问控制机制、数据加密机制、数字签名机制、交换认证（抗抵赖）机制、业务流分析机制。

三、信息安全保证技术框架

信息保证技术框架（IATF）把信息保证技术划分为本地计算环境、区域边界、网络和基础设施及支撑基础设施四个领域，并给出了一种实现系统安全要素和安全服务的层次结构。

（一）本地计算环境

本地计算环境一般包括服务器、客户端及其上面的应用、操作系统、数据库和基于主机的监控组件等。

（二）区域边界

区域是指在单一安全策略管理下，通过网络连接起来的计算设备的集合。区域边界是区域与外部网络发生信息交换的部分，应确保进入的信息不会影响区域内资源的安全，而离开的信息是经过合法授权的。

边界的主要作用是防止外来攻击，也可以用来对付某些恶意的内部人员，这些内部人员有可能利用边界环境发起攻击，并通过开放后门、隐蔽通道等，为外部攻击者提供方便。

(三)网络和基础设施

网络和基础设施在区域之间提供连接,包括在网络节点间传递信息的传输部件以及其他重要的网络基础设施组件,如网络管理组件、域名服务器及目录服务组件等。

(四)支撑基础设施

支撑基础设施主要为终端用户工作站、Web 服务、应用、文件、DNS 服务、目录服务等提供安全服务。

IATF 中涉及两个方面的支撑基础设施:一个是 KMI/PKI;另一个是检测及响应基础设施。KMI/PKI 提供了一个公钥证书及传统对称密钥的产生、分发及管理的统一过程。检测及响应基础设施提供对入侵的快速检测和响应,包括入侵检测、监控软件等。

另外,IATF 还提出了深度保卫战略的概念。所谓深度保卫战略,是指保卫网络和基础设施、保卫边界、保卫计算环境和保卫支持基础设施。

第二节　计算机网络安全风险

网络系统的安全性取决于网络系统最薄弱的环节,任何疏忽的地方都可能成为黑客的攻击点,导致网络系统受到威胁。最有效的方法是定期对网络系统进行安全性分析,及时发现并修正存在的弱点和漏洞,保证网络系统的安全性。

一、系统层的安全风险

系统层的安全风险分析主要针对网络中采用的操作系统、数据库相关商用产品的安全漏洞和病毒危险。

目前,主流的操作系统包括各种商用 Unix、Linux、Windows 以及各种网络设备或网络安全设备的专用操作系统。这些操作系统自身存在许多安全漏洞。

对于安全风险而言，有的是协议自身的问题，有的是系统自身设计不完善造成的。主机系统本身的各种安全隐患，将带来各种攻击的可能性，基于主机系统之上的业务也会受到不同程度的威胁。

二、网络层的安全风险

（一）物理层安全风险

物理层安全风险，主要指由于网络周边环境和物理特性引起的网络设备和线路的不可用，造成网络系统的不可用。物理层安全风险主要包括：

（1）地震、水灾、火灾等环境事故造成整个系统毁灭。

（2）电源故障造成设备断电，造成操作系统引导失败或数据库信息丢失。

（3）设备被盗、被毁，造成数据丢失或信息泄露。

（4）电磁辐射造成数据信息被窃取或偷阅。

（5）设备的物理损坏，包括服务器、存储设备、交换机、路由器的物理损坏，以及网络安全设备本身的物理损坏。

（二）数据链路层安全风险

网络安全风险不仅来源于非法入侵者到企业内部网上进行攻击、窃取或搞其他破坏，还有可能通过在传输线路上安装窃听装置，窃取网上传输的重要数据，再通过一些技术读出数据信息，导致信息泄密，或者篡改数据，破坏数据的完整性。

未经加密的公网连接方式是存在一定的链路传输风险的。对于重要的传输链路，数据在传输过程中必须加密，并通过数据签名及认证技术来保证数据的真实性、机密性、可靠性及完整性。

（三）网络边界安全风险

网络边界是指两个不同安全级别的网络的连接处，包括与 Internet 的连接处，以及内部不同安全级别的子网之间的连接处。

网络边界安全威胁涉及以下方面：

（1）与 Internet 连接的边界安全威胁。由于 Internet 的开放性、国际性和自由性，Internet 已成为国家之间信息战的主要战场。商业间谍会利用 Internet 窃取企业的机密数据，企业的竞争对手会攻击本企业的网络，黑客也随时随地想攻入企业网络。只要与 Internet 相连，内部网络就面临着严重的安全威胁。

（2）与系统外部网络互联的安全威胁。网络系统中，除了与 Internet 相连接，由于业务需要，也可能与其他企业或组织的网络系统有业务的交互，网络外延部分也就成了边界的一种。如果系统内部局域网络与系统外部网络间没有采取一定的安全防护措施，内部网络就很容易遭到外网入侵者的攻击。

（3）入侵者通过网络监听等手段获得内部网用户名、口令等信息，进而假冒内部合法身份进行非法登录，窃取内部网的重要信息。

（4）恶意攻击。入侵者通过发送大量 Ping 包，对内部网的重要服务器进行攻击，使得服务器超负荷工作，以致拒绝服务，甚至导致系统瘫痪。

三、应用层的安全风险

应用层的安全风险主要表现为身份认证漏洞、关键信息存储问题。

（1）服务系统登录和主机登录时用的静态口令问题。非法用户通过网络窃听、非法数据库访问、穷举攻击、重放攻击等手段，很容易得到这种静态口令。

（2）对关键业务服务器的非授权访问。业务服务器是网络系统中提供信息数据服务的关键，许多信息只有相应级别的用户才能查阅。如果没有完善的安全措施，可能会有非法用户没有经过允许而直接访问网络资源，造成机密信息外泄。

（3）应用层的安全风险还涉及共享资源访问、电子邮件和电子邮件服务器的可信问题、病毒问题等。

四、管理层的安全风险

管理层的安全风险包括：

（1）责权不明、管理混乱、安全管理制度不健全及缺乏可操作性等，都可能引起管理安全风险。

（2）内部管理人员或员工把内部网络结构、管理员用户名和口令以及系统的一些重要信息传播给外人，带来信息泄露风险。

（3）有的内部员工可能熟悉服务器、小程序、脚本和系统的弱点，利用网络开些小玩笑，如传出至关重要的信息、错误地进入数据库、删除数据等，这些都将给网络带来极大的安全风险。

网络安全系统的建立，除了从技术上下功夫外，还得依靠安全管理来实现。

第三节　计算机网络安全风险评估方法

一、常见的安全隐患

网络系统常见的安全隐患包括：

（1）系统开放了不必要的服务。

（2）弱口令。

（3）软件版本本身的漏洞。

（4）Web 服务器的配置问题。

（5）文件共享不合适。

（6）服务器的配置问题。

（7）防火墙的配置和路由器的访问控制表的配置问题。

（8）信息泄露。

（9）信任关系。

（10）特洛伊木马。

（11）远程访问不安全。

为了减少网络安全问题造成的损失，必须采用多种安全措施来对网络进行全面保护。

二、网络安全评估方法

常用的网络安全评估方法包括：

(1)黑盒测试。

(2)操作系统的漏洞检查和分析。

(3)网络服务的安全漏洞及隐患的检查和分析。

(4)抗攻击测试。

(5)综合审计报告。

三、白盒测试

白盒测试也称结构测试或逻辑驱动测试,它是按照程序内部的结构来测试程序,通过测试来检测产品内部动作是否按照设计规格说明书的规定正常进行,以及检验程序中的每条通路是否都能按预定要求正确工作。白盒测试是把测试对象看作一个打开的盒子,测试人员依据程序内部逻辑结构的相关信息,设计或选择测试用例,对程序的所有逻辑路径进行测试,通过在不同点检查程序的状态,确定实际的状态是否与预期的状态一致。

(一)白盒测试的测试方法

(1)代码检查法。

(2)静态结构分析法。

(3)静态质量度量法。

(4)逻辑覆盖法。

(5)基本路径测试法。

(6)域测试。

(7)符号测试。

(8)路径覆盖。

(9)程序变异。

(二)覆盖标准

(1)语句覆盖。每条语句至少执行一次。

(2)判定覆盖。每个判定的每个分支至少执行一次。

(3)条件覆盖。每个判定的每个条件应取到各种可能的值。

(4)判定/条件覆盖。同时满足判定覆盖和条件覆盖。

(5)条件组合覆盖。每个判定中,各条件的每一种组合至少出现一次。

(6)路径覆盖。程序中每一条可能的路径至少执行一次。

这六种覆盖标准发现错误的能力由弱至强。

(三)白盒测试的要求

(1)保证一个模块中的所有独立路径至少被使用一次。

(2)对所有逻辑值均需测试"true"和"false"。

(3)在上下边界及可操作范围内运行所有循环。

(4)检查内部数据结构,以确保其有效性。

(四)白盒测试的目的

通过检查软件内部的逻辑结构,对软件中的逻辑路径进行覆盖测试,在程序中不同的地方设立检查点,检查程序的状态,以确定实际运行状态与预期状态是否一致。

(五)白盒测试的特点

依据软件设计说明书进行测试,对程序内部细节进行严密检验,针对特定条件设计测试用例,对软件的逻辑路径进行覆盖测试。

(六)白盒测试的实施步骤

(1)测试计划阶段,根据需求说明书,制定测试进度。

(2)测试设计阶段,依据程序设计说明书,按照一定的规范化方法进行软件结构划分,设计测试用例。

(3)测试执行阶段,输入测试用例,得到测试结果。

(4)测试总结阶段,对比测试的结果和代码的预期结果,分析错误原因。

(七)白盒测试的优点

(1)迫使测试人员仔细思考软件的实现。

(2)可以检测代码中的每条分支和路径。

(3)可以揭示隐藏在代码中的错误。

(4)对代码的测试比较彻底。

(5)最优化。

(八)白盒测试的缺点

(1)昂贵。

(2)无法检测代码中遗漏的路径和数据敏感性错误。

(3)不验证规格的正确性。

当然,白盒测试也有其他的局限,即使每条路径都测试了,仍然可能有错误,主要原因如下:

第一,穷举路径测试不能查出程序违反了设计规范,即程序本身是个错误的程序。

第二,穷举路径测试不能查出程序中因遗漏路径而出现的错误。

第三,穷举路径测试可能发现不了一些与数据相关的错误。

四、黑盒测试

黑盒测试也称功能测试,通过测试来检测每个功能是否都能正常使用。在测试中,把程序看作一个不能打开的黑盒子,在完全不考虑程序内部结构和内部特性的情况下,在程序接口进行测试,它只检查程序功能是否能按照需求规格说明书的规定正常使用,程序是否能适当地接收输入数据而产生正确的输出信息。黑盒测试着眼于程序的外部结构,不考虑内部逻辑结构,主要针对软件界面和软件功能进行测试。

黑盒测试法注重于测试软件的功能需求,试图发现下列几类错误:功能不正确或遗漏;界面错误;输入和输出错误;数据库访问错误;性能错误;初始化和终止错误。

从理论上讲,黑盒测试只有采用穷举输入测试,把所有可能的输入都作为测试情况考虑,才能查出程序中所有的错误。实际上,测试情况有无穷多个,人们不仅要测试所有合法的输入,还要对那些不合法但可能的输入进行测试。这样看来,完全测试是不可能的,所以要进行有针对性的测试,通过制定测试案例指导测试的实施，保证软件测试有组织、按步骤、有计划地进行。

黑盒测试主要分为以下几个步骤：

第一，测试计划。根据用户需求报告中关于功能要求和性能指标的规格说明书，定义相应的测试需求报告，即制定黑盒测试的最高标准，以后所有的测试工作都将围绕着测试需求来进行，符合测试需求的应用程序就是合格的，反之则是不合格的。同时，还要适当选择测试内容，合理安排测试人员、测试时间及测试资源等。

第二，测试设计。将测试计划阶段制定的测试需求分解、细化为若干个可执行的测试过程，并为每个测试过程选择适当的测试用例。测试用例选择的好坏，将直接影响到测试结果的有效性。

第三，测试开发。建立可重复使用的自动测试过程。

第四，测试执行。执行测试开发阶段建立的自动测试过程，并对所发现的缺陷进行跟踪管理。测试执行一般由单元测试、组合测试、集成测试、系统联调及回归测试等组成。

第五，测试评估。结合量化的测试覆盖域及缺陷跟踪报告，对应用软件的质量和开发团队的工作进度及工作效率进行综合评价。

例如，具体到某个 Web 应用，常用的测试方法如下：

(1)页面链接检查。检查每一个链接是否都有对应的页面，页面之间的切换是否正确。

(2)相关性检查。检查删除/增加一项会不会对其他项产生影响，如果产生影响，这些影响是否都正确。

(3)检查按钮的功能是否正确。如检查 Update、Cancel、Delete、Save 等功能是否正确。

(4)字符串长度检查。输入超出需求所说明的字符串长度的内容，看系统是否检查字符串长度，会不会出错。

(5)字符类型检查。在应该输入指定类型的内容的地方输入其他类型的内容，如在应该输入整型的地方输入其他字符类型，看系统是否检查字符类型，是否会报错。

(6)标点符号检查。输入内容包括各种标点符号,特别是空格、引号、回车键等,看系统处理是否正确。

(7)中文字符处理。在可以输入中文的系统输入中文,看是否出现乱码或出错。

(8)检查信息的完整性。在查看信息和更新信息时,查看所填写的信息是不是全部更新,更新信息和添加的是否一致。

(9)信息重复。对一些需要命名且名字应该唯一的信息输入重复的名字或ID,看系统有没有处理,是否会报错。重名包括是否区分大小写。在输入内容的前后输入空格,看系统是否做出正确的处理。

(10)检查删除功能。在一些可以一次删除多个信息的地方,不选择任何信息,按 Delete 键,看系统如何处理,是否会出错;然后,选择一个或多个信息进行删除,看是否正确处理。

(11)检查添加和修改是否一致。检查添加和修改信息的要求是否一致。例如:添加要求必填的项,修改也应该必填;添加规定为整型的项,修改也必须为整型。

(12)检查修改重名。修改时,把不能重名的项改为已存在的项,看是否会处理、报错。同时也要注意,会不会报有关重名的错。

(13)重复提交表单。一条已经成功提交的纪录,返回后再提交,看系统是否做了处理。例如,对于 Web 系统检查多次使用返回键的情况,在有返回键的地方,返回原来页面,重复多次,看是否会出错。

(14)搜索检查。在有搜索功能的地方输入系统存在或不存在的内容,看搜索结果是否正确。如果可以输入多个搜索条件,可以同时添加合理和不合理的条件,看系统处理是否正确。

(15)输入信息位置。在光标停留的地方输入信息时,看光标和所输入的信息是否会跳到别的地方。

(16)上传下载文件检查。检查上传下载文件的功能是否能实现,上传的文件是否能打开。检查对上传文件的格式有何规定,系统是否有解释信息,并检查系统是否能够做到。

(17)必填项检查。检查应该填写的项没有填写时，系统是否做了处理。检查对必填项是否有提示信息，如在必填项前加“*”。

(18)快捷键检查。检查是否支持常用快捷键，如 Ctrl+C、Ctrl+V、BackSpace 等。对一些不允许输入信息的字段，如选人、选日期，检查对快捷方式是否做了限制。

(19)回车键检查。在输入结束后直接按 Enter 键，看系统如何处理，是否会报错。

五、黑盒测试和白盒测试的区别

黑盒测试是指已知产品的功能设计规格，可以通过测试来证明每个实现了的功能是否符合要求。

白盒测试是指已知产品的内部工作过程，可以通过测试来证明每种内部操作是否符合设计规格要求，所有内部成分是否经过了检查。

软件的黑盒测试要在软件的接口处进行。这种方法是把测试对象看作一个黑盒子，测试人员完全不考虑程序内部的逻辑结构和内部特性，只依据程序的需求规格说明书，检查程序的功能是否符合它的功能说明。黑盒测试主要是为了发现以下几类错误：

第一，是否有不正确或遗漏的功能。

第二，在接口上，输入是否能正确地接受，能否输出正确的结果。

第三，是否有数据结构错误或外部信息访问错误。

第四，性能是否能够满足要求。

第五，是否有初始化或终止性错误。

软件的白盒测试是对软件的过程性细节做细致的检查。这种方法是把测试对象看作一个打开的盒子，允许测试人员利用程序内部的逻辑结构及有关信息，设计或选择测试用例，对程序的所有逻辑路径进行测试。通过在不同点检查程序状态，确定实际状态是否与预期的状态一致。白盒测试主要对程序模块进行如下检查：

第一，对程序模块的所有独立的执行路径至少测试一遍。

第二，对所有的逻辑判定，取“真”与取“假”两种情况都能至少测一遍。

第三，在循环的边界和运行的界限内执行循环体。

第四，测试内部数据结构的有效性。

六、典型的黑客攻击手段

(一)口令猜测攻击

口令猜测是一种出现概率很高的风险，几乎不需要任何攻击工具，利用一个简单的暴力攻击程序和一个比较完善的字典，就可以猜测口令。

猜测的口令包括数据库口令、FTP 口令、服务器管理员账户口令等。

(二)SQL 注入攻击

SQL 注入就是把 SQL 命令插入 Web 表单提交，或输入域名或页面请求的查询字符串，最终达到欺骗服务器，执行恶意 SQL 命令的目的。

形成 SQL 注入漏洞的主要原因是程序没有细致地过滤用户输入的数据，使黑客精心构造的非法的命令被带入数据库查询。根据程序返回的结果，获得一些敏感的信息，或者控制整个服务器。

(三)XSS 跨站攻击

攻击者在 Web 页面插入恶意 HTML 代码，当用户浏览该页面时，嵌入其中的 HTML 代码会被执行，从而达到恶意攻击用户的目的。

XSS 漏洞是 Web 应用程序中最常见的漏洞之一。

XSS 攻击的主要流程如下：

第一，恶意用户在一些公共区域输入一些文本，这些文本中包括一些可以在客户端执行的脚本。

第二，恶意提交这个表单。

第三，其他用户看到这个包括恶意脚本的页面并执行。

第四，获取用户的 Cookie 等敏感信息。

第五，使用 Cookie 等绕过权限控制。

第七章

数据安全与隐私保护

第一节　数据加密技术

一、对称加密与非对称加密的基本原理

(一)对称加密原理

对称加密是一种简单快速的加密方式,加密与解密使用的是同一个密钥,又叫作单密钥加密。在对称加密中,密钥通常由特定的算法随机生成。密钥分发是对称加密的关键环节,一般需要通过安全的通道进行分发,这在实际应用中存在一定的风险和挑战。

数据加密过程是将明文通过加密算法和密钥进行各种替换和转换,打乱明文的顺序和内容,生成密文。常见的对称加密算法有 DES、AES 等,它们会对明文的每一个元素进行映射和排列组合操作。

数据解密过程则是加密的逆过程,使用相同的密钥对密文进行反向操作,恢复原始明文。

对称加密的优势在于计算量小、加密速度快、加密效率高,适用于加密大量数据的场合。对称加密的劣势也很明显,即密钥管理负担重。如果一方的密钥被泄露,那么加密信息就不安全了。用户每次使用对称加密算法时,都需要使用其他人不知道的独一密钥,这会使得收、发双方所拥有的密钥数量巨大。

(二)非对称加密原理

非对称加密算法需要两个密钥来进行加密和解密,这两个密钥分别是公开密钥(简称公钥)和私有密钥(简称私钥)。如果用公钥对数据进行加密,只有用

对应的私钥才能解密；如果用私钥对数据进行加密，只有用对应的公钥才能解密。

非对称加密的密钥生成过程较为复杂，通常基于数学难题，如大素数分解、离散对数等。生成的公钥可以公开，而私钥则必须保密。

加密过程中，当 A 想要给 B 发送加密消息时，A 使用 B 的公钥对消息进行加密。通常是将明文转换为数字，然后使用公钥进行加密。解密过程中，B 收到密文后，使用自己的私钥进行解密，得到原始的消息。

相比对称加密，非对称加密在安全性方面有很大优势，密钥的分配和管理相对容易，只需要将公钥公开给接收方即可。同时，非对称加密还可以用于数字签名、密钥交换等场景。非对称加密的加密速度较慢，适合对小量数据进行加密和解密。

(三)对称加密与非对称加密的区别

(1)安全性。对称加密的安全性相对较低，因为密钥只有一份，如果密钥被泄露，数据就会失去保密性。非对称加密的安全性较高，即使公钥被泄露，数据也不会失去保密性，因为只有私钥才能解密。

(2)处理速度。对称加密和解密的速度比较快，适合加密大量数据。非对称加密和解密花费的时间长，速度相对较慢，适合加密少量数据和数字签名等场景。

(3)密钥管理。对称加密的密钥管理较为困难，需要保证安全地传输和存储密钥，否则容易被窃取。非对称加密的密钥管理相对容易，公钥可以公开，私钥只需在本地保管即可。

(4)通信双方数量。对称加密在多方通信时需要为每对通信者生成和管理唯一的密钥，这在大规模系统中难以实现。非对称加密在多方通信时只需要每个用户保管好自己的私钥，使用对方的公钥进行加密即可。

二、常见的加密算法

(一)对称加密算法

AES 是最为常见的对称加密算法之一。其特点显著，即密钥建立时间短、灵敏性好、内存需求低。实际使用中，通常采用 CTR 工作模式，此模式需要引入 IV 参数（16 位的字节数组）。AES 的密钥长度有 128 位、192 位、256 位三种，其中 192 位与 256 位密钥的使用需要配置无限制权限策略文件（JDK6）。

AES 的应用场景非常广泛。在金融行业，AES 加密算法常用于保护银行卡交易、ATM 机交易、电子支付等金融交易领域中的数据传输，以确保交易过程的安全性。例如，当客户进行网上银行转账时，银行系统会使用 AES 算法对交易数据进行加密，防止客户的账户信息、交易金额等敏感数据被窃取。在电子商务领域，AES 加密算法可用于保护在线交易的数据传输，包括信用卡信息、客户信息等敏感数据的加密和解密。当消费者在电商平台购物并输入信用卡信息时，这些信息会被 AES 加密后传输，保障消费者的财务安全。政府通信中，AES 加密算法可用于保护政府机构之间的通信，包括机密文件传输、电子邮件通信等。数据库加密方面，AES 算法可用于数据库中敏感数据的加密和解密，以保护数据隐私和机密性。此外，AES 还可用于虚拟专用网络（VPN）连接的加密和解密，以确保数据的安全传输，以及保护移动设备（如智能手机、平板电脑等）的数据存储和传输。

（二）非对称加密算法

RSA 是一种典型的非对称加密算法。RSA 算法基于大素数的乘法问题，常用于数字签名和密钥交换等场景。在数字签名方面，RSA 发挥着重要作用。数字签名用于验证文件或文档的完整性，以确保它们在传输或存储过程中没有被篡改，同时也用于验证数据发送者的身份，确保数据来自合法的源头。例如，在电子合同中使用数字签名可以确保签署方的身份和合同的完整性，使其具有法律约束力。在电子邮件安全方面，数字签名可用于加密和签名电子邮件，以确保机密性和发件人的身份。

RSA 数字签名的过程如下：签名者生成一对密钥，包括一个私钥和一个公钥。私钥保密，公钥公开。签名者使用私钥对要签名的数据（消息或文件）进行加密哈希运算，生成唯一的数字签名，这个数字签名会随着数据一起传输。接收者使用签名者的公钥对接收到的数据进行解密哈希运算，得到一个哈希值。然后，接收者比较这个哈希值与数字签名中的哈希值是否匹配，从而验证数据的完整性和真实性。

此外，RSA 还广泛应用于数字证书领域。数字证书是由证书中心（CA）用自己的私钥，对用户的公钥和相关信息一起加密生成的。当用户在进行网络通信时，如使用 HTTPS 协议，服务器会将自己的数字证书发送给客户端。客户端用 CA 的公钥解开数字证书，就可以拿到服务器真实的公钥，然后就能证明 数字签名是否真的是服务器签的，从而确保通信的安全。

三、数据传输过程中的加密技术

（一）SSL/TLS 概述

SSL（安全套接字层）是位于可靠的面向连接的网络层协议和应用层协议之间的一种协议层，由两层组成，即 SSL 记录协议和 SSL 握手协议。TLS（传输层安全协议）用于两个应用程序之间，提供保密性和数据完整性，也由两层组成，即 TLS 记录协议和 TLS 握手协议。

SSL/TLS 提供的服务主要有：认证用户和服务器，确保数据发送到正确的客户机和服务器；加密数据，以防止数据中途被窃取；维护数据的完整性，确保数据在传输过程中不被改变。

TLS 与 SSL 的差异主要体现在以下几个方面：

（1）版本号：TLS 1.0 的版本号为 SSL 3.1。

（2）报文鉴别码：SSL 3.0 和 TLS 的 MAC 算法及 MAC 计算的范围不同。TLS 使用了 RFC 2104 定义的 HMAC 算法。SSL 3.0 中填充字节与密钥之间采用的是连接运算，而 HMAC 算法采用的是异或运算，但两者的安全程度相当。

（3）伪随机函数：TLS 使用伪随机函数（PRF）将密钥扩展成数据块，是更安全的方式。

（4）报警代码：TLS 支持几乎所有的 SSL 3.0 报警代码，还补充定义了很多报警代码，如解密失败、记录溢出、未知 CA、拒绝访问等。

（5）密文族和客户证书：TLS 不支持 Fortezza 密钥交换、加密算法和客户证书。

（6）certificate_verify 和 finished 消息：计算 MD5 和 SHA－1 散列码时，计算的输入有少许差别，但安全性相当。

（7）加密计算：TLS 与 SSL 3.0 在计算主密钥时采用的方式不同。

(8)填充:在 SSL 中,填充后的数据长度要达到密文块长度的最小整数倍。而在 TLS 中,填充后的数据长度可以是密文块长度的任意整数倍(填充的最大长度为 255 字节)。

(二)密钥协商过程

TLS 握手是建立 TLS 安全连接的关键过程,在这个阶段,客户端与服务端进行多轮交互,通过非对称加密建立安全连接通道。

(1)客户端发出请求(ClientHello):客户端首先要告知服务端自己支持哪些加密算法,将本地支持的加密套件列表传送给服务端。同时,客户端产生一个随机数,这个随机数一方面需要在客户端保存,另一方面需要传送给服务端,用于后续生成 Master Secret。

(2)服务器回应(ServerHello):服务端从客户端发送的加密套件列表中选择一个加密算法,并发送服务器证书给客户端,用于客户端认证服务器身份。如果服务端向客户端发送的证书中没有提供足够的信息,还可以向客户端发送一个 Server Key Exchange。此外,服务端还会生成一个随机数,用于后续生成 Master Secret。

(3)客户端验证证书并发送关键信息:客户端检查服务器的证书,取出服务器公钥,继续发送以下信息:

①一个随机数(第三个随机数),使用公钥加密,防止被窃听,也被称为 Pre-Master Secret。

②发送编码改变通知,随后的消息都将用于双方协定的加密方法和密钥。

③发送握手结束通知,表明握手阶段结束。同时也会发送前面所有内容的哈希值,用于校验。

④发送 ChangeCipherSpec 独立协议,用于告知服务端,客户端已切换到协商好的加密套件。之后会用协商好的加密套件和 Session Secret 加密一段 Finish 的数据给服务端,目的是在正式传输应用数据之前对刚刚握手建立起来的加解密通道进行验证。

(4)服务器完成握手:服务端使用私钥解密客户端发送过来的 Pre-Master Secret,并进行验证,然后使用和客户端相同的方式生成 Session Secret,也会向客户端发送一个 ChangeCipherSpec,之后使用 Session Secret 加密一段 Finish

消息发送给客户端，用于验证之前通过握手建立起来的加解密通道是否成功。

在整个 TLS 握手过程中，通过非对称加密算法协商出一份密钥，然后通过对称加密来进行后续的数据通信，同时使用 HMAC 处理保证数据的完整性。

四、数据存储加密技术

(一)数据存储加密技术概述

数据存储加密在当今数字化时代至关重要。随着数据泄露事件的频繁发生，保护敏感数据的存储安全成为企业和个人的首要任务。数据存储加密技术通过对数据进行加密处理，确保即使数据存储设备被窃取或未经授权访问，存储在其中的敏感信息也无法被轻易获取和解读。

对称加密、非对称加密和哈希函数在数据存储中都有广泛的应用。对称加密速度快，适用于大量数据的快速加密存储。例如，在企业内部文件存储系统中，可以使用对称加密算法对大量的文档、图片和视频等文件进行加密，提高存储效率。非对称加密则提供了更高的安全性，适合用于存储重要的密钥和数字证书等信息。哈希函数具有不可逆性，可用于验证数据的完整性，确保存储的数据在传输和存储过程中没有被篡改。

(二)具体加密方式

1.使用专业加密软件(如 Ping32)

优势：Ping32 数据加密软件提供了多种强大的加密功能。支持多种加密算法，包括对称加密和非对称加密，用户可以根据需求选择不同算法。具有友好的用户界面，便于用户快速上手，适合不同技术水平的人员。具有实时监控与管理功能，可以监控数据访问和传输，及时识别和防止潜在的安全威胁。

适用场景：企业文件管理，尤其适合需要处理敏感财务报表、个人信息等文件的场景。在设计和工程行业，可用于保护敏感图纸和设计文件。同时，能满足企业在合规要求方面的需求，如个人信息保护、商业秘密保护等。

2.文件加密

优势：对特定文件进行加密处理，确保只有授权用户能够访问。可以灵活选择加密算法，如采用行业标准的 AES 256 位加密算法，确保数据不被未经授权的用户访问。支持多种文件格式,包括文档、图片、视频、邮件等,确保多种类型的数据都能得到保护。加密和解密过程快速且无损,不影响日常工作效率。

适用场景:操作失误或无意识外发导致技术数据泄漏、移动笔记本被盗、丢失或维修等可能造成数据泄漏的场景。同时,对于需要保护商业机密和个人隐私的文件,如合同、方案等,文件加密是一种有效的保护手段。

3.数据库加密

优势:对存储在数据库中的敏感数据进行加密,有效保护用户信息和交易记录。可以对数据库字段进行加密,提高数据的安全性。增加黑客攻击的难度,即使数据库被入侵,黑客也无法轻易获取明文数据。满足合规要求,在金融、医疗等行业,法规要求对特定类型的数据进行加密处理。

适用场景:存储大量敏感数据的企业,如金融机构、医疗机构、电商平台等。在这些场景中,数据库中存储着客户的个人信息、财务数据、交易记录等敏感信息,数据库加密可以有效保护这些数据的安全。

4.邮件加密

优势:确保发送的电子邮件内容只有授权接收者能够阅读,保护商业机密和个人隐私。可以对邮件进行加密保护,防止邮件在传输过程中被窃取或篡改。

适用场景:企业内部和外部的邮件通信,特别是涉及商业机密、敏感信息的邮件。例如,在企业与合作伙伴、客户之间的邮件往来中,邮件加密可以确保信息的安全传输。

5.云数据加密

优势:对存储在云服务中的数据进行加密,确保数据在上传和下载过程中的安全性。支持与主流云存储平台兼容,如 Google Drive、OneDrive、Dropbox 等,确保数据在云端的加密和保护。

适用场景:企业和个人在使用云存储服务时,保护存储在云端的数据安全,如文档、照片、视频等。特别是对于需要远程办公和共享数据的企业,云数据加密可以确保数据在不同地点和设备之间的安全传输。

6.传输加密

优势:在数据传输过程中,使用 SSL/TLS 等加密协议来保护数据安全,自动识别并加密敏感数据,防止数据在网络中被截获。

适用场景：企业内部网络和外部网络之间的数据传输，如文件下载、上传、远程访问等。在金融交易、电子商务等场景中，传输加密可以确保客户的交易数据和个人信息的安全传输。

7.硬盘加密

优势：对整个硬盘或特定分区进行加密，以保护存储在设备上的所有数据，确保设备被盗时数据不会被轻易访问。

适用场景：个人电脑、笔记本电脑、移动硬盘等设备，特别是存储有敏感信息的设备。例如，商务人士的笔记本电脑中存储着公司的商业机密和客户信息，硬盘加密可以有效保护这些数据的安全。

第二节　数据备份与恢复

一、数据备份

数据备份是数据安全的基石。

首先，数据备份能够有效防范数据丢失。在日常的业务运营中，数据可能因硬件故障、人为失误或恶意攻击而丢失。通过定期进行全量备份、增量备份或差异备份，可以在数据丢失时迅速恢复到之前的状态，最大程度地减少损失。例如，采用云备份方式，将数据存储在云服务提供商的服务器上，不仅具有高可用性和可扩展性，还能在本地数据中心遭遇故障时快速恢复数据。

其次，数据备份是应对恶意攻击的有力手段。恶意软件、勒索软件等威胁日益增多，可能导致数据被加密、篡改或删除。有了备份数据，企业可以在遭受攻击后迅速还原系统，恢复正常运行。企业遭受勒索软件攻击时，如果有良好的备份手段，就可以在无需支付赎金的情况下恢复数据。

最后，数据备份对于保障业务连续性至关重要。对于企业而言，业务的连续运行是生存和发展的关键。通过备份关键数据，企业可以快速恢复业务，确保组织的稳定运行，降低财务和声誉损失。例如，实时同步备份可以确保备份数据与源数据保持同步，几乎可以实时还原数据，降低了数据丢失的可能性，保障了业务的连续性。

二、备份技术

(一)全备份

全备份是对某一个时间点上的所有数据或应用进行的一个完全拷贝。其优势在于恢复起来非常快,因为所有的数据都在同一个备份中,只要恢复完全备份,所有的数据都会被恢复。例如,使用 Oracle 的全备份功能,通过 RMAN 可以对数据库中的所有数据进行全备份,包含数据库中的所有数据文件、控制文件、参数文件以及归档日志文件。在数据丢失时,能够快速恢复数据库,确保业务的连续性。

然而,全备份也有明显的缺点。首先,需要备份的数据量较大,随着数据的不断增加,备份时间会越来越长。据统计,对于一个中等规模的企业数据库,全备份可能需要几个小时甚至更长时间。其次,全备份占用的存储空间较大,这对于存储资源有限的企业来说是一个不小的挑战。

(二)增量备份

增量备份是指在上一次备份的基础上再做的备份,只备份已经修改了的文件。增量备份的优点是备份速度快,因为每次只备份变化的数据,所以备份数据量很小。例如,在一个每天有大量数据更新的企业中,增量备份可以在短时间内完成,不会对业务系统造成太大的影响。

但是,增量备份的缺点也很突出,恢复数据比较麻烦,必须用到所有的增量备份文件进行逐一恢复,而且增量备份程序编写较为复杂,需要对数据的变化进行准确跟踪和备份,如果在恢复过程中缺少了某一个增量备份文件,就可能导致数据恢复失败。

(三)差异备份

差异备份是指从上一回完成备份到目前为止所有改变过的文件备份,每次备份的参照物都是原始的全备份,而不是上一次的差异备份。

差异备份具有一些显著的优点。一方面,差异备份比全备份速度快,所使用的磁盘空间小。假设每周进行一次全备份,每天进行差异备份,在一周内,差异备份的数据量通常会小于全备份，同时，备份时间也会更短。另一方面，与增量备份相比，差异备份在恢复数据时更加方便，只要先恢复全备份的数据，再恢复差异备份的数据即可。

不过，差异备份也存在一些缺点。随着时间的增加，变动的数据越来越多，那么差异备份也可能会变得数据量庞大、备份速度缓慢、占用空间较大。此外，差异备份的程序编写也较为复杂，需要准确记录自上次全备份以来的所有变化数据。

三、数据恢复

（一）停止使用存储设备

当发现数据丢失时，应立即停止使用存储设备。这是因为继续使用存储设备可能会导致新的数据覆盖原数据，从而使数据永久性丢失。例如，如果硬盘出现数据丢失情况，继续对硬盘进行读写操作，可能会将原本可以恢复的数据覆盖掉。

（二）确定恢复类型和范围

在进行数据恢复之前，必须确定哪些数据需要恢复以及它们的存储位置和类型，这有助于选择正确的数据恢复工具和方法。如果是误删除了一些文档文件，需要确定这些文件的存储路径以及文件类型。如果是存储设备故障导致的数据丢失，需要确定故障的类型和程度，以便选择合适的恢复方法。一般来说，可以通过查看文件历史记录、备份记录或者询问相关人员来确定需要恢复的数据类型和范围。

（三）选择恢复工具

选择合适的数据恢复软件或硬件工具是数据恢复的关键。对于轻微的数据丢失或损坏，可以使用数据恢复软件进行恢复。这些软件可以恢复从垃圾箱删除的文件、格式化后的文件以及在硬盘上不小心被删除的文件。对于硬件损坏或更严重的数据丢失，需要使用专业硬件工具和技术进行恢复。

（四）进行恢复操作

按照数据恢复工具的指示进行操作，进行数据恢复。在进行恢复操作时，需要注意以下几点:首先,要仔细阅读工具的使用说明,确保操作正确。其次,要选择合适的恢复模式,如全量恢复、增量恢复或差异恢复等。最后,要耐心等待恢复过程完成,不要中途中断操作。

(五)验证恢复数据

恢复数据后,需要验证恢复的数据是否可用、完整和准确。可以通过以下方法进行验证:首先,对比恢复后的数据与备份前的数据,确保数据的一致性。其次,检查数据的完整性,如文件是否能够正常打开、数据是否完整等。最后,将恢复的数据存储到另一个安全的存储设备中,以避免数据再次丢失。例如,可以将恢复的数据存储到外部硬盘、云存储等设备中。

四、灾难恢复计划

(一)全面考虑可能性

在制定灾难恢复计划时,必须全面考虑所有可能破坏基础设施和数据的情况。除了常见的病毒等网络威胁外,还应充分考虑自然因素,如所处地理位置是否容易遭受地震、洪水、风暴等自然灾害,或者是否存在拉闸限电等风险。如果企业位于地震多发区,就应考虑采用抗震的数据中心建设标准,并制定相应的地震应对措施。同时,人为因素也不能忽视,如操作失误、恶意攻击等。只有全面考虑各种可能性,才能制定出更加完善的灾难恢复计划。

(二)避免依赖少数员工

灾难恢复计划不能过度依赖少数员工。如果这些关键员工由于某种原因无法工作或者找不到他们,灾难恢复工作就可能陷入停滞。企业应采用矩阵式结构的雇员组织形式,以便在紧急情况下能够更好地做出应急响应。此外,负责灾难恢复的员工在地理位置上最好是分散的,以防某一地区发生重大灾害。例如,一家跨国企业可以在不同国家和地区的分支机构中安排灾难恢复人员,这样,即使某个地区发生灾难,其他地区的人员也能迅速介入,确保灾难恢复工作的顺利进行。

(三)建立自动化通知系统

建立自动化通知系统对于及时响应故障或灾难至关重要。如果依靠手工流程通知工作人员，当设备由于停电而中断运行且现场又没有人时，负责灾难恢复的人员很难及时知道机房停电的情况。因此，企业需要建立一套自动化通知系统，在发生灾难或者服务中断时能够自动通知员工。同时，企业还可以选择第三方服务，请服务商来监控设施并且指派受过灾难恢复培训的专业人员来执行灾难恢复计划。

（四）提供充足后备电源

确保有不易受干扰的电力供应设备和备用电池是灾难恢复计划的重要环节。如果机房所在地常受到断电影响，企业一定要购买最不易受干扰的电力供应设备，还要准备好备用电池，以保证业务的持续性。例如，一些数据中心会配备大型的不间断电源系统和柴油发电机，在停电时能够自动切换，为设备提供持续的电力供应。

（五）确定恢复优先顺序

企业需要事先安排好应用与服务的恢复顺序，考虑法规，遵从要求。在确定恢复顺序时，应明确哪些应用和服务是最重要的，哪些可以等待一两天也不会影响到业务。例如，企业可以首先重启电子邮件应用，然后恢复部门文件服务器。在安排顺序时，需要考虑到相关的法规，遵从要求，确保关键业务的合规性。

（六）制定规范流程

制定详细的灾难恢复手册，多印几份存储在不同地方。在制订了灾难恢复计划之后，企业一定要把执行恢复计划的步骤写下来，要详细到每一个进程，记录、描述所有系统资源的位置。要确保所有关键人员人手一份灾难恢复手册，这样在灾难发生时，工作人员能够迅速按照手册进行操作，提高灾难恢复效率。例如，一家金融机构将灾难恢复手册存储在云存储、外部硬盘和纸质文件中，确保在各种情况下都能快速获取。

（七）定期测试计划

定期进行灾难演习，测试各种可能情况，确保计划有效。许多企业忽视了这一点，没有充分测试他们的灾难恢复计划。企业应该定期进行灾难演习，测试每种可能发生的情况，从基本的电力故障到可能导致持续几个月的重大灾难性事件。通过演习，企业可以发现灾难恢复计划中的漏洞并及时进行优化。

(八)妥善保存密码

在安全的地方保存系统密码,确保多个人员可获取,人员变动及时更改密码。密码保护是数据安全的重要环节,企业不能将密码保存在单一的地方。建议企业至少在两个不同的、安全的地方保存系统密码,确保一个以上的工作人员有机会进入那里,并能获得所有密码。如果这些关键人员辞职了,一定要及时更改密码。例如,一些企业会使用密码管理软件,并将密码存储在加密的数据库中,同时设置多因素认证,提高密码的安全性。

(九)保持计划更新

企业需要不断更新灾难恢复计划,至少一个季度要更新一次。确定调用该计划的触发点,如人员、设备、地点或应用的改变等。这样有利于企业发现灾难恢复计划中的漏洞并优化之。例如,当企业引入新的应用系统或设备时,应及时更新灾难恢复计划,确保新的系统和设备也能得到有效的保护。

第三节　个人隐私保护策略

一、全球隐私保护法律框架典范

(一)GDPR

GDPR 即通用数据保护条例,是欧盟于 2018 年 5 月 25 日正式实施的条例。随着信息技术的快速发展,传统的个人数据保护法律无法适应需求,欧盟决定制定更强大全面的法规,目的在于加强个人对其数据的控制权,提高企业在处理个人数据时的透明度和责任感。

GDPR 包括数据主体权利,如访问、更正、删除等;数据保护守则,如数据最小化、目的限制、存储期限等;数据安全方面,规定了技术和组织措施,如加密、脱敏等;设立了数据保护官,负责监督企业数据保护活动。

GDPR 对企业的影响:处罚力度加大,最高可达全球年营业额的 4%;透明度要求提升，需向数据主体说明数据处理目的等；数据保护成本上升，要投入资源建立数据保护体系。

GDPR 对个人的影响：数据主体权利得到加强，隐私保护更有保障，透明度提高。

（二）CCPA 与 CPRA

CCPA 即《加州消费者隐私法案》，于 2018 年通过。CPRA 即《加州隐私权法案》，2020 年批准，被称为 CCPA 2.0。CPRA 修正了 CCPA，两者共同构成加州隐私法律框架。

CCPA 适用于收集 50 000 名以上消费者个人信息的组织，而 CPRA 适用于收集 100 000 名以上消费者数据的组织。CPRA 新增敏感个人信息，与 GDPR 的 特殊类别个人数据的处理类似，包括政府颁发的标识符、财务账户信息等。处罚方面，两者标准相同，CPRA 对未成年人个人信息违规行为的处罚增加了 3 倍。CPRA 扩大了消费者可以向企业请求的信息范围，增加了 4 项新的消费者权利，如更正权、限制敏感个人信息的权利等。

二、个人数据的妥善处理原则

（一）收集：合法、最小化与告知同意

个人数据的收集应当遵循合法途径，这意味着任何组织或者个人不得通过窃取等非法手段获取数据。依据《中华人民共和国数据安全法》，应当采取合法、正当的方式收集数据，在法律、行政法规对收集、使用数据的目的、范围有规定的情况下，必须在规定的目的和范围内收集、使用数据。同时，收集应遵循最小化原则，即不得收集、处理与目的无关的个人数据。例如，信息收集应限于实现处理目的所必要的最小范围，如仅收集与信息处理目的直接相关的数据、采用最低的处理频率、保持最小的信息数量等。此外，收集个人数据时必须确保告知同意。个人数据处理者应依法告知个人数据处理的种类、范围、目的、方式等，并依法征得同意。例如，12325 热线在用户注册时，会明确告知用户所收集的个人数据内容以及用途，只有在用户同意后才会进行收集和使用。

（二）处理：目的明确与相关性

个人数据处理需要目的明确，处理者应当具有明确、清晰、具体的个人信息处理目的。处理活动应仅限于实现该目的所必需的范围，且与收集目的直接相关。所有的数据处理行为都必须合法合规，不得进行与处理目的无关的个人数据处理。例如，在进行数据分析和研究时，应仅使用与研究目的相关的数据，不得超出此范围使用个人数据。同时，处理过程中应遵循公开透明、准确完整的原则，确保个人数据的准确性和完整性，避免因个人数据不准确、不完整给当事人造成损害。

（三）存储：保密、完整与可用

个人数据存储要确保保密性、完整性和可用性。在保密方面，应采用加密等技术手段，防止个人数据泄露、毁损、丢失、篡改和非法使用。例如，可以使用AES、RSA等加密算法对数据进行加密存储。同时，要保证个人数据的完整性，确保数据在存储过程中不被损坏或丢失。存储系统应具备一定的容错能力和备份机制，以便在数据出现问题时能够及时恢复。此外，存储的个人数据应保持可用性，确保在需要时能够及时访问和使用。需要建立有效的数据存储管理体系，包括合理的存储架构、访问控制机制等。

三、隐私保护技术的关键作用

（一）匿名化技术

匿名化技术是保护个人隐私的重要手段之一，常见的方法包括 K-匿名、L-多样性、T-接近和差分隐私等。

K－匿名要求在发布的数据集中，每个记录在关键属性上至少有 $k-1$ 个其他记录与之相同。优点是实现相对简单，能在一定程度上防止身份直接暴露。然而，它容易受到同质性攻击和背景知识攻击等，当敏感属性的值缺乏多样性时，攻击者可能通过分析数据集中的相似记录来推断个人信息。

L－多样性通过增加敏感属性值的多样性来提高隐私保护程度。它可以防止一些同质性攻击，但不能完全防止概率推理攻击和相似性攻击。例如，当数据集中具有非常相似的敏感属性值的块时，隐私保护效果可能会降低。

T — 接近旨在使敏感属性值的分布与总体分布接近，从而减少攻击者通过分析数据分布来推断个人信息的可能性。然而，它也有局限性，在面对复杂的攻击场景时可能无法提供足够的保护。

差分隐私通过在数据中添加一定量的噪声，使攻击者无法通过分析数据来推断特定个体的信息。优点是提供了强隐私保护，无论攻击者的背景知识和计算能力如何，都能提供隐私保证。例如，苹果和脸书已经使用这种方法来收集聚合数据，而不需要识别特定的用户。缺点是可能会影响数据的分析和挖掘效果，因为添加的噪声会降低数据的准确性。

(二)其他技术

数据加密、差分隐私、隐私信息检索等技术在隐私保护中也起着重要的辅助作用。

数据加密是指使用密码学技术将数据转换为一种特定的形式，使得未经授权的用户无法读取或理解数据内容。例如，某电子商务平台在存储用户个人信息时，采用了端到端加密技术，对用户的个人信息进行加密存储，并且定期更新加密算法和密钥，以确保用户数据的安全性和隐私保护。数据加密可以保护数据安全、增强用户信任、防止数据泄露。

除了在匿名化中的作用外，差分隐私还可以与其他技术结合使用。如在第四范式的产品中，差分隐私与联邦学习进行融合，拓展到迁移学习领域，在和瑞金医院合作的“瑞宁知糖”产品中，从数据较为完善的大型医院中迁移出有价值且受隐私保护的知识，去帮助地方医院、社区医院、体检中心等机构。

隐私信息检索是一种加密协议，旨在保障数据使用者的隐私，允许客户端从公共数据库中检索记录，同时向数据所有者隐藏检索记录的身份。例如，在病患查询疾病治疗药物时，通过隐私信息查询可以避免医疗系统得知该病人可能患有的疾病，从而保护病人的隐私。隐私信息检索技术在位置隐私保护中也有应用，如在位置服务(LBS)中，用户能够通过检索的方法在云服务器中搜索所要的数据信息，同时保护自己的位置隐私。

四、用户隐私权的维护

（一）提升自我保护意识

在网络时代，应不断增强自我保护意识，维护个人隐私权。首先，妥善保管密码至关重要。密码应设置为包含“大小写字母 ＋ 特殊字符 ＋ 数字”形式，长度至少为 10 个字符，并且要定期更换。同时，避免使用单词、递增的字母或数字等易被破解的组合。此外，不要将密码写在便条上，贴在显示器、键盘旁，也不能让他人使用自己的用户名和密码登录系统，更不要在程序中选择“保存口令”。

谨慎使用公共网络也是保护个人隐私的重要措施。在公共网络下避免进行敏感操作，如输入个人详细信息、进行金融交易等。因为公共网络安全性较低，容易被黑客攻击，导致个人信息泄露。同时，在使用软件时，要提高警惕，避免使用疑似有隐私泄漏风险的软件。对于小公司开发的软件要慎用，不要在里面输入个人隐私信息。在上网过程中，不要在任何网站输入关于个人的详细信息，如真实姓名、身份证号码等。可以使用一些公用代理服务器或虚拟专用网络（VPN）服务，访问敏感网站或发布敏感信息时，一定要使用代理服务器，切勿暴露自己的真实 IP 地址。

（二）网站运营商的责任

网站运营商在保护用户个人信息安全方面承担着重大责任。首先，应严格把控架上 App 的隐私风险，剔除隐私风险过高的应用。在 App 下载界面中，对当前 App 收集用户信息的类型进行标注，以提示相关隐私偏好用户。同时，严格规范架上 App 必须明确标注其开发商信息。

在信息安全管理方面，网站运营商要认识到自己的职责。按照《中华人民共和国刑法》规定，如果网络运营者没有严格按照法律法规要求为公民提供信息安全管理服务，经过核实拒绝改正，将直接构成犯罪，通常包括违法获取信息并在社会环境中广泛传播、泄露用户个人信息并带来严重后果、导致刑事案件证据灭失且情节严重等。网络运营者应采取智能先进技术，不断完善个人信息安全审核机制，通过安全风险分析，提前了解是否存在信息泄露隐患。对个人信息采集、储存、应用与处理等流程实施“端到端”安全管理，建立网络通信连接。

此外，网站运营商应当制定用户个人信息收集、使用规则，并在其经营或者服务场所、网站等予以公布。未经用户同意，不得收集、使用用户个人信息。收集、使用用户个人信息时，应当明确告知用户收集、使用信息的目的、方式和范围，查询、更正信息的渠道以及拒绝提供信息的后果等事项。不得收集其提供服务所必需以外的用户个人信息或者将信息用于提供服务之外的目的，不得以欺骗、误导或者强迫等方式或者违反法律、行政法规以及双方的约定收集、使用信息。在用户终止使用服务后，应当停止对用户个人信息的收集和使用，并为用户提供注销号码或者账号的服务。

（三）维权措施

当个人信息遭到泄露时，个人可以采取多种维权途径。

首先，可以向行政管理部门举报投诉。在实体消费过程中发生的个人信息泄露可以向工商行政部门、消费者协会投诉，在虚拟网络中发生的侵权行为，可以向互联网管理部门举报。

其次，可以向公安机关报案。《中华人民共和国刑法》第二百五十三条对侵犯个人信息犯罪作出明确规定。个人信息被不法利用、遭遇诈骗的可以报警，通过公力救济来惩戒犯罪、维护权利。

最后，可以向法院起诉，请求侵权人承担民事责任。司法机关可依照《中华人民共和国民法典》规定，对其相关民事权利予以保护。面对日益突出的个人信息侵权案件，检察机关不仅运用刑事手段追究刑事责任，还应当立足民事检察监督职能，依法查办涉及个人信息侵权的民事检察监督案件，以抗诉、检察建议等方式提出监督意见，维护权利人合法权益，追究侵权人民事责任。

在知道自己的个人信息泄露之后，需要采取一些补救的办法。要对相关的证据和线索进行收集，将证据提交给执法部门。如果造成了严重的后果，可以选择向执法部门进行报案。同时，要提醒自己的亲朋好友，以防上当受骗。当事人还可以找律师进行权利维护，通过法律手段维护自己的合法权益。

第四节　企业数据安全管理体系

一、数据安全政策与程序

（一）制定清晰的安全政策和程序

数据安全政策和程序是企业数据安全管理体系的基础。应制定清晰的安全政策和程序，明确规定数据访问权限、处理敏感信息的方法以及通知数据泄露事件的流程等。例如，可以规定不同级别的员工对不同类型数据的访问权限，明确敏感信息的加密存储和传输要求，以及在发生数据泄露事件时，立即通知相关部门并采取相应的应急措施。同时，安全政策和程序应定期更新，以适应不断变化的安全威胁。

（二）建立数据安全培训和教育计划

建立全面的数据安全培训和教育计划对于确保员工遵守安全政策至关重要。可以通过案例分析和演示，向员工传达数据安全的重要性，强调社交工程、钓鱼邮件、恶意软件等常见的数据安全威胁，提供防范措施和建议。可以介绍数据分类及敏感信息的识别方法、密码安全原则、有效的身份验证方法等。处理数据泄露事件的培训则应包括发生数据泄露时应采取的步骤、如何与相关部门协作以及如何保护企业的利益等。应建立常规培训计划，确保员工遵守安全政策，可以通过定期的在线培训、线下培训、测验和演练等方式进行。

（三）实行"零容忍"安全协议

明确违反安全政策的后果，对数据安全问题进行调查并采取纠正措施，是实行"零容忍"安全协议的关键。对于违反安全政策的行为，应明确相应的处罚措施，如警告、罚款、停职甚至解雇等。同时，建立数据安全问题调查机制，及时发现和处理安全问题。在调查过程中，应采取适当的措施保护证据，确保调查的公正性和准确性。一旦发现安全问题，应立即采取纠正措施，如修复漏洞、加强访问控制、更新安全政策等，以防止类似问题的再次发生。

二、数据分类与敏感数据识别

(一)数据分级分类原则与方式

数据的分级分类对于企业的数据安全管理至关重要。依据数据来源、内容和用途进行分类，可以更好地理解数据的性质和用途。例如，根据数据来源，可以分为内部生成数据和外部获取数据，根据内容可以分为客户信息数据、财务数据、业务流程数据等，根据用途可以分为决策支持数据、日常运营数据等。

按价值、敏感程度等分级，能够明确不同数据的重要性和保护需求。一般来说，可以将数据分为高价值、中价值和低价值数据，以及高度敏感、敏感和一般敏感数据。高价值和高度敏感的数据需要更严格的保护措施，如加密存储、访问控制等。

通过自动探测敏感数据并进行标记，可以提高数据分类的效率和准确性。例如，可以使用人工智能和机器学习算法，自动识别非结构化数据中的敏感信息，如商业秘密、个人信息等。同时，由业务部门进行分级，可以结合业务需求和实际情况，确保数据分级的合理性和实用性。

(二)敏感数据识别方法

敏感数据的识别可以通过用户自定义规则来实现。用户可以根据企业的业务需求和数据特点，定义敏感数据的关键字、正则表达式等规则。例如，定义身份证号码、银行卡号、手机号码等为敏感数据的关键字，或者使用正则表达式来匹配特定格式的敏感数据。

利用正则匹配、关键字、算法等方式对结构化表和非结构化文件进行敏感数据识别。对于结构化表，可以使用关键字搜索和正则表达式匹配的方式，快速识别敏感数据字段。例如，在数据库表中搜索包含特定关键字的字段，或者使用正则表达式来匹配身份证号码、银行卡号等格式的字段。

对于非结构化文件，可以使用自然语言处理算法和机器学习算法，自动识别敏感信息。例如，使用文本分类算法，将文档分为敏感和非敏感两类；使用实体识别算法，识别文档中的人名、地名、组织机构名等实体，并判断是否为敏感信息。

据统计，通过使用人工智能和机器学习算法进行敏感数据识别，可以将识别准确率提高到 90% 以上，大大提高了数据分类的效率和准确性。

三、数据安全生命周期管理

（一）数据采集安全

在数据采集阶段，企业应明确采集目的、范围等，制定科学合理的采集策略。首先，只采集经过授权的数据，并详细记录数据的来源，确保数据的合法性和可追溯性。对于外部数据的采集，要对数据源的合法性进行确认，涉及个人信息的，应要求提供方说明个人信息来源与个人信息主体授权同意的范围。例如，从第三方企业采集数据时，应采用合同协议等方式，明确数据采集的范围、频度、类型、用途等，并确保数据的合法合规性和真实性。从第三方数据供应方获取数据时，如信息控制者需要采取自动化手段从网站或其他公开数据库间接收集数据时，应考虑网站和其他公开数据库的数据处理能力和网络承载能力，不能影响网站和公开数据库的正常运行。

对于个人信息的采集，要严格遵守相关法律法规。在进行个人信息采集前，以通俗易懂、简单明了的方式向个人信息主体明示采集规则，如收集、使用个人信息的目的、方式和范围等，并获得个人信息主体的授权同意。收集个人信息遵循最小必要原则，收集的个人信息类型应与实现产品或服务的业务功能有直接关联。采集个人敏感信息时（包括但不限于个人头像、身份证、指纹等）需要严格遵守国家相关法律法规。在产品中嵌入第三方程序、代码采集个人敏感信息时，必须由个人信息主体明确的授权同意方可采集。同时，在数据采集的过程中需要针对数据做加密处理后上报，防止数据泄露以及被第三方通过技术手段非法获取。

（二）数据传输安全

数据传输过程中，应根据数据级别进行加密传输。对于高价值和高度敏感的数据，采用更高级别的加密算法，如 AES 256 位加密技术。同时，加强接口管控和网络安全措施，对涉敏数据的传输采用特定加密算法，并进行审批授权。例如：传输通道建立前，应对通信双方进行身份鉴别和认证，确保数据传输双方是可信任的；对客户端应采取准入控制、身份认证等技术措施，防止非法或未授权终端接入网络。

对于跨部门跨业务的数据传输，需要进行严格的数据需求评审以及必要的鉴权，核心数据对外部业务暴露需要遵循最小化、必要等原则。非业务必需不得直接暴露用户敏感信息，需要进行去标志化、匿名化处理后使用。

局域网内部应加强无线网络安全，生产网不应使用无线局域网，办公网使用无线局域网时应采用足够强度的安全防护措施，包括但不限于：应通过绑定设备序列号或 MAC 地址（硬件地址）等硬件特征信息对无线接入点进行准入控制，合理设置传输功率，控制无线信号的覆盖范围；服务集标识（SSID）应采用规范的命名规则，且不应泄露机构、网络特性、物理位置等信息；不应使用缺省 SSID，应进行信号隐藏，并禁用 SSID 广播，避免攻击者通过扫描直接获取无线网络信息；应加强无线网络设备管理账号和口令的安全，不应使用弱口令；应采用双因素认证方式对接入用户进行身份校验；接入端设备不应安装和使用无线网络密码分享等对数据安全有危害性的程序；应控制移动智能终端在内网和互联网间的交叉使用；短期使用和临时搭建的无线网络应及时拆除或关闭。

（三）数据存储安全

企业应采取加密存储措施，确保数据在存储过程中的安全性。对于不同类型的数据进行分类存储，并根据数据的价值和敏感程度确定管理留存期。例如，高价值和高度敏感的数据可以采用全盘加密、文件加密等方式进行存储，同时缩短管理留存期，定期进行审查和清理。

建立备份机制并定期演练，以防止数据丢失。备份操作可以采用本地备份和云备份相结合的方式，确保数据的安全性和可恢复性。无论采用哪种备份方式，都要定期进行备份演练，检验备份数据的完整性和可恢复性。

（四）数据使用安全

保障数据在使用过程中的流动安全，执行严格的授权、访问控制和审计机制。只有经过授权的用户才能访问和使用数据，根据用户的角色和职责分配不同的访问权限。同时，对数据的使用过程进行审计，记录用户的操作行为，及时发现异常情况。

对数据的展示和披露进行严格管理，避免敏感信息的泄露。在展示数据时，应进行去标志化、匿名化处理，确保个人信息和敏感数据不被泄露。对于需要披露的数据，应经过严格的审批流程，确保披露的数据符合法律法规和企业的安全政策。

(五)数据共享安全

建立规范的数据共享机制，明确数据共享的范围、方式和审批流程。在进行数据共享前，应进行风险评估和个人信息安全影响评估，确保共享的数据不会对个人信息主体造成安全风险。同时，对数据共享过程进行监测和审计，记录共享数据的内容、用途、量级，数据接收方(细化至法人机构数据安全负责人)情况、使用时长、数据是否收回(或由对方进行销毁)等情况，并进行审批存档。

在与外部机构共享数据时，应签订合作协议，明确双方的数据安全责任和义务。合作协议应包括数据的使用范围、保密措施、安全管理要求等内容，确保数据在共享过程中的安全性。

(六)数据销毁安全

建立完善的数据销毁机制，明确数据销毁的审批流程和存储介质删除方法。对于不再需要的数据，应采取安全的方式进行销毁，以防止数据泄露和隐私问题。例如，对于存储数据的介质，如不再使用，应采用不可恢复的方式(对可读写介质采用反复覆盖的方式处理、对磁介质执行消磁操作等。对于纸质文档、只读光盘等无法执行清除操作的介质，须使用碎纸机等专业工具进行粉碎处理)对介质进行销毁处理。

采用可靠的技术确保数据不可还原，如在数据擦除过程中，应明确定义数据填充方式与擦除次数，并保证数据擦除所填充的字符完全覆盖存储数据区域；数据擦除后的存储介质应通过数据恢复工具或数据发现工具进行数据的尝试恢复及检查，验证数据删除结果；针对数据擦除后擦除失败的存储介质，应进一步采用物理方式进行销毁。数据销毁全过程应被有效记录，并由销毁部门针对销毁结果进行详细记录，同时由另一部门开展定期检查和审计，以确保销毁的真实性。对于存储个人敏感信息或涉密数据的存储介质，应采取物理方式直接将其销毁。

四、第三方数据管理与合规性

（一）法律要求

数据的收集、存储和使用必须严格遵守法律法规。在数据收集方面，应明确来源、方式和范围，确保合法性和合规性。例如，企业从第三方收集数据时，需确认第三方的数据收集行为是否获得了相关主体的授权，是否符合法律规定的程序。

对于数据存储，应建立严格的管理制度，确保数据的安全性和保密性。根据法律要求，可能需要对特定类型的数据进行加密存储，如个人敏感信息等。同时，存储期限也应符合法律规定，不得超期存储数据。

在数据使用规定方面，应规范数据的处理、使用和共享，防止数据泄露和滥用。企业在使用第三方数据时，必须明确使用目的和范围，不得超出授权范围使用数据。

数据跨境传输受到严格的法律监管。首先，要明确数据跨境传输的定义与范围，确定哪些数据属于跨境传输的范畴。其次，应满足合规要求，如获得相关主体的同意、采取必要的安全措施等。监管机构会对数据跨境传输进行严格监督，企业必须遵守相关政策，以降低风险。一旦发生数据泄露，法律明确了责任主体、承担方式和追究程序。责任主体可能包括数据控制者、处理者等，承担方式可能包括赔偿损失、承担行政责任甚至刑事责任。追究程序通常包括调查、取证、处罚等环节。

（二）合规性审核流程

合规性审核首先要明确审核目的和范围。目的是确保第三方数据安全符合法律法规要求，范围涵盖所有涉及数据安全的业务、系统和流程，包括数据的收集、存储、传输、使用和处置等环节。

制定审核计划和时间表,明确各个阶段的任务和时间节点。例如,可以规定在一定时间内完成信息收集、在特定时间段进行分析评估等。

收集相关数据和信息是审核的重要步骤,可以采用文件审查、现场调查、访谈等方式,收集包括业务运营模式、数据处理流程、安全措施等方面的信息。

进行合规性分析和评估,根据审核标准,对收集到的数据和信息进行分析,判断是否符合法律法规和企业内部要求。审核可以采用定期检查、专项检查和不定期抽查等多种方式,确保全面覆盖。

形成审核报告并提出建议,报告应详细说明审核的范围、方法、结果以及发现的问题,并提出具体的整改建议。

跟踪和监督整改情况,确保问题得到及时解决。对整改情况进行持续关注,确保合规性要求得到持续满足。

合规性审核应持续更新,根据法律法规变化及时调整审核要求。明确审核流程和责任人,将审核结果及时反馈给相关方并采取相应措施。

(三)合同要求

合同中的数据安全条款至关重要。要明确数据安全的定义、涉及的数据类型和范围,让双方对数据安全的边界有清晰的认识。

保密义务规定双方在合同期间及合同终止后对数据的保密责任,确保数据不被泄露给第三方。

数据安全保护措施要求对方采取合理的技术和管理措施保障数据安全,如加密技术、访问控制等。

违约责任明确违反合同中数据安全条款的违约责任及赔偿方式,对双方形成约束。

合同中的数据泄露通知和报告义务应明确约定,在发生数据泄露事件时,第三方机构应及时通知客户并报告相关监管机构,同时提交数据泄露报告,包括泄露原因、范围和影响等。

合同中的数据安全审计和检查义务应明确规定,双方应共同配合完成审计和检查工作，审计和检查的频率、范围和内容应具体明确，违反义务应承担法律责任。

（四）行业标准和最佳实践

行业标准包括国际数据安全标准、国内数据安全标准以及行业协会与组织发布的数据安全标准。国际标准如 ISO27001 等为企业提供了全面的数据安全管理框架。国内标准则根据国家法律法规和行业特点制定，确保数据安全符合国内要求。行业协会与组织的标准通常更加具体和具有针对性，为企业提供实际操作指南。

最佳实践方面，企业可以建立完善的第三方数据安全管理制度，明确责任分工和流程。定期对第三方服务提供商进行安全检查和审计，确保其符合安全要求。签订保密协议，明确双方权利和义务，防止数据泄露。严格筛选和评估第三方服务提供商，选择信誉良好、安全措施到位的合作伙伴。

行业标准和最佳实践的应用和实施需要明确实施步骤和应用范围。实施步骤包括制定计划、培训员工、实施安全措施、监督检查等。应用范围涵盖企业的各个业务环节和数据处理流程。

最佳实践的总结和分享有助于企业共同提高数据安全水平。企业可以通过行业交流、研讨会等方式分享经验，共同推动行业数据安全发展。

行业标准的更新是随着技术的发展和法律法规的变化而不断进行的。企业应关注标准的更新，及时调整自身的数据安全管理措施。最佳实践也需要在实践中不断改进，以提高数据安全水平。行业标准和最佳实践的融合可以形成更加完善的数据安全体系，为企业提供更全面的保障。

参考文献

[1]董洁.计算机信息安全与人工智能应用研究[M].北京:中国原子能出版社,2022.

[2]高林娥,胡娟,武建业.计算机网络基础与工程实践研究[M].北京:中国原子能出版社,2022.

[3]苗春雨,杜廷龙,孙伟峰.云计算安全关键技术、原理及应用[M].北京:机械工业出版社,2022.

[4]王涛.云数据安全存储和可搜索加密理论与技术[M].西安:西安电子科技大学出版社,2022.

[5]李彩玲.计算机应用技术实践与指导研究[M].北京:北京工业大学出版社,2022.

[6]姚本坤.计算机信息技术与网络安全应用研究[M].长春:吉林教育出版社,2021.

[7]薛光辉,鲍海燕,张虹.计算机网络技术与安全研究[M].长春:吉林科学技术出版社,2021.

[8]余萍.互联网+时代计算机应用技术与信息化创新研究[M].天津:天津科学技术出版社,2021.

[9]赵伯鑫,李雪梅,王红艳.计算机网络基础与安全技术研究[M].长春:吉林大学出版社,2021.

[10]黄侃,刘冰洁,黄小花.计算机应用基础[M].北京:北京理工大学出版社,2021.

[11]贺鹏.计算机网络时间同步原理与应用[M].武汉:华中科技大学出版社,2021.

[12]李建华，陈秀真.信息系统安全检测与风险评估[M].北京：机械工业出版社，2021.
[13]宋俊苏.大数据时代下云计算安全体系及技术应用研究[M].长春：吉林科学技术出版社，2021.
[14]黄倩.网络信息安全与管理[M].北京：中国原子能出版社，2021.
[15]洪运国.大数据背景下网络安全问题研究[M].北京：北京理工大学出版社，2021.
[16]刘音，王志海.计算机应用基础[M].北京：北京邮电大学出版社，2020.
[17]吴小钧.计算机网络应用基础[M].西安：西安电子科技大学出版社，2020.
[18]潘力.计算机教学与网络安全研究[M].天津：天津科学技术出版社，2020.
[19]孙超.计算机前沿理论研究与技术应用探索[M].天津：天津科学技术出版社，2020.
[20]赵克宝.计算机网络安全技术应用探究[M].长春：吉林出版集团股份有限公司，2020.
[21]赵学军，武岳，刘振晗.计算机技术与人工智能基础[M].北京：北京邮电大学出版社，2020.
[22]戴忠健.分布式计算机控制系统[M].北京：北京理工大学出版社，2020.
[23]吴婷.现代计算机网络技术与应用研究[M].长春：吉林科学技术出版社，2020.
[24]张小莉，许艳，刘彦平.计算机网络安全与应用技术研究[M].长春：吉林大学出版社，2019.
[25]王钰.计算机信息技术与网络安全应用研究[M].西安：西北工业大学出版社，2019.
[26]王晓霞，刘艳云.计算机网络信息安全及管理技术研究[M].北京：中国原子能出版社，2019.
[27]郑东营.计算机网络技术及应用研究[M].天津：天津科学技术出版社，2019.
[28]温翠玲，王金嵩.计算机网络信息安全与防护策略研究[M].天津：天津科学技术出版社，2019.
[29]李英.计算机教学与网络安全管理研究[M].北京：北京工业大学出版

社,2019.
[30]宋颜云.微计算机理论与应用技术研究[M].北京:中国大地出版社,2019.
[31]王诺.计算机网络安全管理[M].成都:电子科技大学出版社,2019.
[32]邓才宝.计算机网络技术与网络安全问题研究[M].西安:西北工业大学出版社,2019.
[33]秦燊.基于虚拟化的计算机网络安全技术[M].延吉:延边大学出版社,2019.
[34]初雪.计算机信息安全技术与工程实施[M].北京:中国原子能出版社,2019.
[35]刘姝辰.计算机网络技术研究[M].北京:中国商务出版社,2019.
[36]张婉.计算机网络技术应用及发展探究[M].成都:四川大学出版社,2019.
[37]王飞超.计算机网络构建与安全应用研究[M].哈尔滨:哈尔滨地图出版社,2018.
[38]徐伟.计算机信息安全与网络技术应用[M].北京:中国三峡出版社,2018.
[39]范智鹏.计算机应用技术[M].哈尔滨:哈尔滨工程大学出版社,2018.
[40]赵睿,康哲,张伟龙.计算机网络管理与安全技术研究[M].长春:吉林大学出版社,2018.
[41]石敏.计算机网络与应用[M].哈尔滨:哈尔滨工程大学出版社,2018.
[42]郭胜召.计算机网络关键技术研究[M].西安:西北工业大学出版社,2018.
[43]罗刘敏.计算机网络基础[M].北京:北京理工大学出版社,2018.
[44]梁松柏.计算机技术与网络教育[M].南昌:江西科学技术出版社,2018.
[45]杨永强.云计算环境下用户安全研究[M].北京:中国政法大学出版社,2018.
[46]张利峰,王莉莉.计算机网络基础[M].北京:中国铁道出版社,2018.
[47]李兴国.计算机网络防御与攻击技术研究[M].北京:北京工业大学出版社,2018.

图书在版编目（CIP）数据

计算机安全技术研究 / 杨怀磊，李爽著. -- 湘潭：湘潭大学出版社，2024. 12. -- ISBN 978-7-5687-1645-1

Ⅰ. TP309

中国国家版本馆 CIP 数据核字第 202467433P 号

计算机安全技术研究

JISUANJI ANQUAN JISHU YANJIU

杨怀磊 李爽 著

责任编辑：罗　联
封面设计：张　波
出版发行：湘潭大学出版社
社　　址：湖南省湘潭大学工程训练大楼
电　　话：0731-58298960 0731-58298966（传真）
邮　　编：411105
网　　址：http://press.xtu.edu.cn/
印　　刷：长沙印通印刷有限公司
经　　销：湖南省新华书店
开　　本：710 mm×1000 mm 1/16
印　　张：11
字　　数：204 千字
版　　次：2024 年 12 月第 1 版
印　　次：2024 年 12 月第 1 次印刷
书　　号：ISBN 978-7-5687-1645-1
定　　价：68.00 元